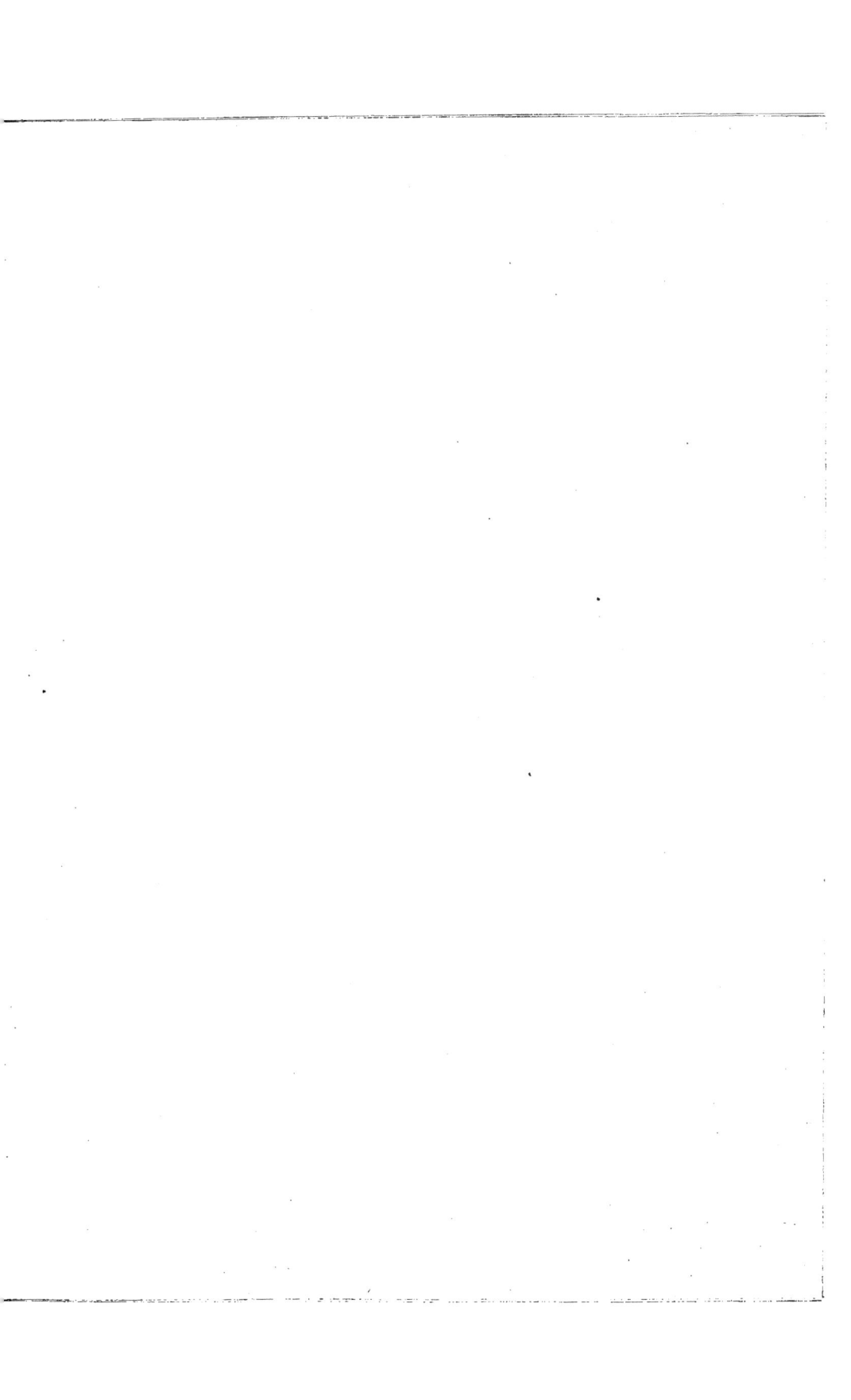

THÈSES

D'ASTRONOMIE ET DE MÉCANIQUE

PRÉSENTÉES

A LA FACULTÉ DES SCIENCES DE PARIS

PAR

M. CH. GIRAULT,
Agrégé des Sciences, ancien élève de l'École Normale.

PARIS,
IMPRIMERIE DE BACHELIER,
RUE DU JARDINET, 12.

1843.

ACADÉMIE DE PARIS.

FACULTÉ DES SCIENCES.

MM. DUMAS, doyen, BIOT, FRANCOEUR, GEOFFROY SAINT-HILAIRE, MIRBEL, POUILLET, PONCELET, LIBRI, STURM, DELAFOSSE,	professeurs.
DE BLAINVILLE, CONSTANT PREVOST, AUGUSTE SAINT-HILAIRE, DESPRETZ, BALARD,	professeurs-adjoints.
LEFÉBURE DE FOURCY, DUHAMEL, VIEILLE, MASSON, PÉLIGOT, MILNE EDWARDS, DE JUSSIEU,	agrégés.
BLANCHET,	suppléant.

THÈSE D'ASTRONOMIE.

SUR LES VARIATIONS

DES

ÉLÉMENTS DES ORBITES DES PLANÈTES.

1. Lorsqu'on étudie le mouvement des planètes autour du centre du Soleil supposé fixe, on trouve que ce mouvement est peu différent de celui qui aurait lieu en effet si chacune d'elles se trouvait seule en présence de cet astre, c'est-à-dire que chaque planète se meut sur une courbe peu différente d'une ellipse qui aurait son foyer au centre du Soleil, et dont le rayon vecteur décrirait des aires proportionnelles au temps. On reconnaît en outre que, si l'on tient compte des actions réciproques de ces différentes planètes, leurs mouvements réels peuvent se représenter en supposant dans les grandeurs des éléments des orbites elliptiques, des variations, les unes peu étendues et qu'on appelle *périodiques*, parce qu'elles repassent sensiblement par les mêmes valeurs au bout d'un temps peu considérable, les autres plus lentes et qui ne deviennent appréciables qu'après plusieurs siècles, ce qui leur a fait donner le nom de variations *séculaires*.

Nous nous proposons de chercher les valeurs approchées de ces variations, la nature des *approximations* et pendant quelle durée ces approximations se maintiennent.

2. La masse du Soleil étant prise pour unité, soient représentées par μm, $\mu m'$, $\mu m''$, etc., les masses des planètes, μ étant un facteur de l'ordre de ces masses. Pour chacune de ces planètes on a trois

équations de la forme

$$\frac{d^2x}{dt^2} + \frac{(1+\mu m)x}{r^3} = \mu \frac{dR}{dx},$$

$$\frac{d^2y}{dt^2} + \frac{(1+\mu m)y}{r^3} = \mu \frac{dR}{dy},$$

$$\frac{d^2z}{dt^2} + \frac{(1+\mu m)z}{r^3} = \mu \frac{dR}{dz}.$$

x, y, z sont les coordonnées de la planète m à l'époque t, par rapport à trois axes rectangulaires passant par le centre du Soleil; r est sa distance à ce centre. D'ailleurs

$$R = -\Sigma m' \left[\frac{xx' + yy' + zz'}{r'^3} - \frac{1}{\sqrt{(x-x')^2 + (y-y')^2 + (z-z')^2}}\right],$$

le signe Σ s'étendant à toutes les planètes m', m'', etc., différentes de m.

3. Si l'on intègre ces équations en faisant abstraction des seconds membres, on obtient les valeurs elliptiques des coordonnées qui conviendraient au cas où la planète m se trouverait seule en présence du Soleil; mais on sait qu'on peut conserver aux valeurs générales des coordonnées cette forme elliptique, pourvu qu'on y remplace les éléments constants par des fonctions convenables du temps, et qu'on obtient alors, pour chaque planète, six équations différentielles du premier ordre par rapport à ses six éléments, lesquelles peuvent être intégrées par approximation.

Ces équations sont

$$\text{(A)} \quad \left\{ \begin{aligned} \frac{da}{dt} &= \mu(a, c)\frac{dR}{dc}, \\ \frac{dc}{dt} &= -\mu(a, c)\frac{dR}{da} + \mu(c, e)\frac{dR}{de}, \\ \frac{de}{dt} &= -\mu(c, e)\frac{dR}{dc} + \mu(e, \omega)\frac{dR}{d\omega}, \\ \frac{d\omega}{dt} &= -\mu(e, \omega)\frac{dR}{de} + \mu(\omega, \gamma)\frac{dR}{d\gamma}, \\ \frac{d\gamma}{dt} &= -\mu(\omega, \gamma)\frac{dR}{d\omega} + \mu(\gamma, \alpha)\frac{dR}{d\alpha}, \\ \frac{d\alpha}{dt} &= -\mu(\gamma, \alpha)\frac{dR}{d\gamma}; \end{aligned} \right.$$

$a, c, e, \omega, \gamma, \alpha$ sont les six éléments relatifs à la planète m. Quant à la fonction R, si l'on remplace, dans son expression donnée précédemment, les coordonnées par leurs valeurs elliptiques, elle se développe en une série convergente de termes de la forme

$$H \cos[i(nt+c) + i'(n't+c') + i_1\omega + i'_1\omega' + i_2\alpha + i'_2\alpha'],$$

H étant un coefficient fonction des éléments $a, a', e, e', \gamma, \gamma'$, développé lui-même suivant les puissances croissantes de ces quatre dernières quantités. Les lettres accentuées se rapportent d'ailleurs à une planète quelconque différente de m; et, quelle que soit cette autre planète, c et c' n'entrent jamais sous le signe périodique sans être accompagnés de nt et $n't$, parce que, les moyens mouvements étant incommensurables entre eux, $in + i'n'$ n'est jamais nul.

4. Si l'on conserve les six variables précédentes, on trouve que l'intégration par approximation fait sortir le temps hors des signes sinus et cosinus, dans les différentielles partielles de R par rapport à a, puisque cette dernière variable entre elle-même sous les signes périodiques, dans

$$n = \sqrt{\frac{1+\mu m}{a^3}}.$$

On change alors l'une des variables et l'on en ajoute une nouvelle de la manière suivante.

On remarque que

$$nt + c = \int n\,dt + \int t\,dn + c;$$

on pose alors

$$\int n\,dt = \zeta, \quad \int t\,dn + c = c';$$

on substitue ensuite $\zeta + c'$ à la place de $nt + c$ dans la fonction R.

$$\frac{dR}{dc} \text{ se trouve alors remplacé par } \frac{dR}{dc'},$$

$$\frac{dR}{da} \ldots\ldots\ldots\ldots\ldots \text{ par } \frac{dR}{da} + t\frac{dR}{dc'}\frac{dn}{da},$$

$$\frac{dc}{dt} \ldots\ldots\ldots\ldots\ldots \text{ par } \frac{dc'}{dt} - (a, c)\,t\frac{dR}{dc'}.$$

Si donc on efface dans les équations l'accent de c', ces équations n'auront pas changé de forme; seulement, $nt + c$ se trouvant remplacé par $\zeta + c$, la différentiation par rapport à a ne fera pas sortir le temps hors des signes périodiques.

On doit d'ailleurs ajouter aux six équations précédentes, l'équation

$$\frac{d\zeta}{dt} = n.$$

On a donc en tout sept équations pour chaque planète; il s'agit de résoudre ces équations par approximation.

5. Désignant par p, q, s, etc., les éléments a, c, e,..., a', c', e'...., on peut écrire les équations à résoudre sous la forme

$$(B) \qquad \frac{dp}{dt} = \mu P, \quad \frac{dq}{dt} = \mu Q, \quad \frac{ds}{dt} = \mu S, \text{ etc.},$$

$$(C) \qquad \frac{d\zeta}{dt} = n, \quad \frac{d\zeta'}{dt} = n', \text{ etc....}$$

Faisant d'abord abstraction des termes en μ, on a pour p, q, s, etc., des valeurs constantes, et par suite pour ζ, ζ', etc., des valeurs nt, $n't$, etc., proportionnelles au temps. On substitue ensuite ces valeurs dans les seconds membres des équations de la première ligne, ce qui donne p, q, s, etc., avec les termes de l'ordre de μ, et par suite ζ, ζ', etc., avec la même approximation. Continuant de la même manière, on obtiendra les valeurs des inconnues avec les termes de l'ordre qu'on voudra par rapport à μ, et par conséquent, si l'on suppose le temps t assez petit, on approchera autant qu'on le voudra des vraies valeurs.

Mais si les seconds membres μP, μQ, μS, etc., renferment une partie non périodique, cette partie sera constante après substitution des valeurs constantes des éléments, et donnera par l'intégration des termes en μt; ces termes à leur tour, dans les approximations suivantes, en donneront d'autres en $\mu^2 t^2$, $\mu^3 t^3$, etc. Si donc on veut que les valeurs de p, q, s, etc., conviennent à des époques très-éloignées de l'origine, embrassant par exemple plusieurs milliers d'années, il ne sera plus permis de négliger les termes en μt, $\mu^2 t^2$, $\mu^3 t^3$, etc., lors même qu'on voudrait, dans p, q, s, etc., négliger les quantités de l'ordre de μ. On modifie alors la méthode d'intégration de la manière suivante.

6. On remarque que les termes en μt, $\mu^2 t^2$, $\mu^3 t^3$, etc., des valeurs de p, q, s, etc., obtenues précédemment, sont précisément ceux qu'on obtiendrait si l'on appliquait la même méthode d'intégration aux équations (B) du n° 5, en omettant dans les seconds membres la partie périodique. On résout donc d'abord, par une méthode quelconque, les équations différentielles ainsi modifiées; ce qui donne pour p, q, s, etc., des fonctions de μt, que nous représenterons par π, χ, σ, etc., et qui sont précisément les valeurs constantes des éléments, augmentées de leurs variations *séculaires* du premier ordre.

Cette variation est nulle pour p toutes les fois que le second membre P est entièrement périodique. Or comme, dans la fonction R, c n'entre jamais sans ζ, il en résulte que $\frac{dR}{dc}$ est entièrement périodique, et que par suite, en vertu de la première des équations (A), la variation séculaire du premier ordre de a est nulle : il en est de même pour a', a'', etc. Les valeurs correspondantes de n, n', n'', etc., sont donc constantes.

Ayant obtenu π, χ, σ, etc., on en fait la substitution à la place de p, q, s, etc., dans les équations (B) du n° 5, en même temps qu'on y remplace ζ, ζ', etc., par nt, $n't$, etc. ; on intègre et l'on a

$$p = \pi + \mu \int P' dt, \quad q = \chi + \mu \int Q' dt, \quad s = \sigma + \mu \int S' dt, \text{ etc.},$$

en désignant par P′, Q′, S′, etc., les parties périodiques de P, Q, S, etc., lorsqu'on y fait la substitution indiquée.

Posons, pour abréger,

$$p = \pi + p_1 \mu, \quad q = \chi + q_1 \mu, \quad s = \sigma + s_1 \mu, \text{ etc.},$$

en supposant d'ailleurs les constantes déterminées de manière que p_1, q_1, s_1, etc., soient nuls pour $t = 0$.

On obtiendra de même

$$\zeta = nt + \zeta_1 \mu, \quad \zeta' = n't + \zeta'_1 \mu, \text{ etc.}$$

Les seconds termes $p_1\mu$, $q_1\mu$, $s_1\mu$, etc., $\zeta_1 \mu$, $\zeta'_1 \mu$, etc., sont les variations *périodiques* du premier ordre.

Substituant dans les équations (B) et développant par rapport à ces variations périodiques, on a, en omettant les termes en μ^3, des équations de la forme

$$(D)\quad \begin{cases} \dfrac{dp}{dt} = \mu P + \mu^2\left(\dfrac{dP}{dp}p_1 + \dfrac{dP}{dq}q_1 + \dfrac{dP}{ds}s_1 + \ldots + \dfrac{dP}{d\zeta}\zeta_1 + \dfrac{dP}{d\zeta'}\zeta'_1 + \ldots\right), \\ \dfrac{dq}{dt} = \mu Q + \text{etc.}, \end{cases}$$

où il faut remarquer que p, q, s, etc., ζ, ζ', etc., ont été remplacés par π, χ, σ, etc., nt, $n't$, etc., en tant qu'ils entrent dans P, Q, S, etc.

Dans les seconds membres, entre parenthèses, peuvent se trouver des termes non périodiques, résultant de la multiplication de deux sinus ou cosinus de même argument; ces termes non périodiques sont des fonctions de $\mu.t$; multipliés par μ^2 et intégrés, ils donneront dans p, q, s, etc., des fonctions de $\mu.t$ multipliées seulement par μ, et qui sont des variations séculaires du second ordre, dont nous augmenterons π, χ, σ, etc. Intégrant de même les termes périodiques, qui sont de l'ordre de μ^2, nous pourrons poser

$$p = \pi + p_1\mu + p_2\mu^2, \quad q = \chi + q_1\mu + q_2\mu^2, \quad s = \sigma + s_1\mu + s_2\mu^2, \text{ etc.};$$

p_2, q_2, s_2, etc., y sont entièrement périodiques et nuls pour $t = 0$; π, χ, σ, etc., s'y trouvent augmentés de fonctions de μt de l'ordre de μ.

On aura de même

$$\zeta = nt + f(\mu t) + \zeta_1\mu + \zeta_2\mu^2, \quad \zeta' = n't + f'(\mu t) + \zeta'_1\mu + \zeta'_2\mu^2, \text{ etc.}$$

En effet, dans les valeurs de $\frac{d\zeta}{dt}$, $\frac{d\zeta'}{dt}$, etc., a, a', etc., se trouvant augmentés de leurs variations séculaires du second ordre, les intégrales se trouvent elles-mêmes augmentées de $f(\mu t)$, $f'(\mu t)$, etc., variations séculaires du premier ordre.

On substitue ces nouvelles valeurs dans les équations (B), et l'on développe par rapport aux parties périodiques, en rejetant les termes en μ^4, ce qui augmente les seconds membres des équations (D) de termes qui seront, pour la première équation par exemple,

$$\mu^3\left(\begin{array}{c}\dfrac{dP}{dp}p_2 + \dfrac{dP}{dq}q_2 + \ldots + \dfrac{dP}{d\zeta}\zeta_2 + \ldots + \dfrac{d^2P}{2\,dp^2}p_1^2 + \dfrac{d^2P}{2\,dq^2}q_1^2 + \ldots + \dfrac{d^2P}{2\,d\zeta^2}\zeta_1^2 \\ + \ldots + \dfrac{d^2P}{dp\,dq}p_1q_1 + \ldots\end{array}\right);$$

seulement dans P, Q, S, etc., on a remplacé p, q, s, etc., par les nouvelles valeurs de π, χ, σ, etc., et ζ, ζ', etc., par $nt + f(\mu t)$, $n't + f'(\mu t)$, etc.

Si donc on intègre, on obtient d'abord les mêmes termes que précédemment, augmentés toutefois de quantités de l'ordre de μ^2 (sans compter le μ qui accompagne le t algébrique), puis, pour le terme que nous venons d'écrire, une nouvelle partie périodique de l'ordre de μ^3, et une partie non périodique de l'ordre de μ^2; de la sorte

$$p = \pi + p_1\mu + p_2\mu^2 + p_3\mu^3, \quad q = \chi + q_1\mu + q_2\mu^2 + q_3\mu^3,$$
$$s = \sigma + s_1\mu + s_2\mu^2 + s_3\mu^3, \text{ etc.},$$

π, χ, σ, etc., représentant la réunion des termes séculaires, et différant des valeurs précédentes en ce qu'ils se trouvent augmentés de fonctions de μt de l'ordre de μ^2, ou de variations séculaires du troisième ordre.

De même,

$$\zeta = nt + f(\mu t) + \mu f_1(\mu t) + \zeta_1\mu + \zeta_2\mu^2 + \zeta_3\mu^3,$$
$$\zeta' = n't + f'(\mu t) + \mu f'_1(\mu t) + \zeta'_1\mu + \zeta'_2\mu^2 + \zeta'_3\mu^3,$$
$$\text{etc.} \qquad \text{etc.} \qquad \text{etc.}$$

Continuant de la même manière, on obtiendrait, dans l'approximation suivante, les valeurs des inconnues augmentées de quantités périodiques de l'ordre de μ^4; p, q, s, etc., étant en outre augmentés de fonctions de μt de l'ordre de μ^3, et ζ, ζ', etc., de fonctions de μt de l'ordre de μ^2. Et de même pour les approximations suivantes.

La valeur générale de p sera donc

$$p = \pi + p_1\mu + p_2\mu^2 + p_3\mu^3 + \text{etc.},$$

en remarquant que π y est lui-même de la forme

$$\pi = \pi_0 + \pi_1\mu + \pi_2\mu^2 + \pi_3\mu^3 + \text{etc.},$$

où π_0, π_1, π_2, etc., sont des fonctions de μt.

De même pour q, s, etc....

7. Il résulte d'abord de cette analyse que si nous voulons donner au temps t des valeurs très-grandes, mais telles cependant que μt ne soit pas très-considérable (ce qui, vu la petitesse de μ, nous permet encore d'embrasser plusieurs milliers d'années), nous pourrons regarder les diverses fonctions de μt comme peu considérables elles-mêmes, en sorte que la méthode précédente, nous donnant les valeurs des inconnues développées suivant les puissances de μ (sans t), avec des coefficients périodiques ou fonctions de μt, nous permettra d'approcher de ces vraies valeurs autant que nous voudrons.

8. Dans le calcul qui précède, il se présente à intégrer deux sortes de termes. Les premiers sont de la forme $\mu^m T$, T étant une fonction de p, q, s, etc., dans laquelle ces éléments doivent être remplacés par leurs valeurs de la forme $\pi_0 + \pi_1 \mu + \pi_2 \mu^2 +$ etc.; on développe ces termes par rapport à μ (sans t), et l'on intègre, ce qui donne $\mu^{n-1} \int T d.\mu t$. Les seconds sont périodiques et de la forme

$$\mu^m H \frac{\sin}{\cos} [(in + i'n')t + K],$$

H et K étant de même nature que T; on les intègre par parties, ce qui donne des valeurs développées suivant les puissances croissantes de μ. Dans l'un et l'autre cas, on ne conserve que les puissances de μ nécessaires à l'approximation.

9. On peut, sans qu'il soit nécessaire de résoudre les équations qui donnent les variations séculaires du premier ordre, démontrer que ces variations restent toujours très-petites pour les excentricités et les inclinaisons, en supposant ces éléments eux-mêmes très-petits à une certaine époque.

En effet, X, Y, Z représentant les coordonnées du Soleil, ξ, η, ζ celles de la planète m, par rapport au centre de gravité du système, on a, en vertu du principe des aires,

$$X \frac{dY}{dt} - Y \frac{dX}{dt} + \mu \Sigma m \left(\xi \frac{d\eta}{dt} - \eta \frac{d\xi}{dt} \right) = \text{const.}$$

Or

$$\xi = X + x, \quad \eta = Y + y;$$

de plus

$$X = -\frac{\mu \Sigma m x}{1 + \mu \Sigma m}, \quad Y = -\frac{\mu \Sigma m y}{1 + \mu \Sigma m}.$$

Substituant donc, il vient, en divisant par μ,

$$\text{(E)}\qquad \Sigma m\left(x\frac{dy}{dt}-y\frac{dx}{dt}\right)-\frac{\mu}{1+\Sigma m}\left(\Sigma mx\Sigma m\frac{dy}{dt}-\Sigma my\Sigma m\frac{dx}{dt}\right)=\text{const}.$$

Mais, en général, si l'on remplace x, y par leurs valeurs elliptiques, on a

$$x\frac{dy}{dt}-y\frac{dx}{dt}=\sqrt{(1+\mu m)a(1-e^2)}.\cos\gamma,$$

en prenant le radical avec le même signe pour toutes les planètes qui vont dans le même sens, avec un signe contraire pour celles qui vont en sens contraire. Il en résultera donc, en substituant dans l'équation (E), et remarquant que pour notre système toutes les planètes tournent dans le même sens,

$$\text{(F)}\qquad \Sigma m\sqrt{\frac{a(1-e^2)}{1+\tang^2\gamma}}+\mu\text{U}=\text{const.},$$

équation de condition dans laquelle le radical est toujours positif, et où la lettre U représente une certaine fonction du temps périodique et des éléments.

Remplaçons, dans cette équation, les éléments par leurs valeurs trouvées précédemment (n° **6**); le premier membre se composera d'une partie périodique et d'une partie non périodique, fonction de μt, ordonnée suivant les puissances croissantes de μ (sans t), et dans laquelle il est facile de voir que le terme indépendant de μ n'est autre que

$$\Sigma m\sqrt{\frac{a(1-e^2)}{1+\tang^2\gamma}},$$

quand on y remplace les éléments e, γ par leurs valeurs constantes augmentées de leurs variations séculaires du premier ordre.

Différentions le premier membre de l'équation (F) par rapport à t; ce premier membre devra devenir identiquement nul : c'est-à-dire que les termes périodiques et les termes séculaires devront s'y détruire séparément; et, parmi ces derniers, les coefficients des mêmes puissances de μ devront être nuls aussi séparément; en sorte qu'on aura

$$\frac{1}{dt}d.\Sigma m\sqrt{\frac{a(1-e^2)}{1+\tang^2\gamma}}=0,$$

ou

$$m\sqrt{\frac{a(1-e^2)}{1+\tang^2\gamma}}+m'\sqrt{\frac{a'(1-e'^2)}{1+\tang^2\gamma'}}+\ldots=\text{const.},$$

ou encore

$$m\sqrt{a}\left(1-\sqrt{\frac{1-e^2}{1+\tang^2\gamma}}\right)+m'\sqrt{a'}\left(1-\sqrt{\frac{1-e'^2}{1+\tang^2\gamma'}}\right)+\ldots=\mathrm{K}.$$

Si, à une certaine époque, e, γ, e', γ', etc., sont très-petits, les quantités entre parenthèses sont très-petites, et par conséquent aussi la constante K; et, comme ces quantités entre parenthèses sont d'ailleurs toujours positives, il en résulte qu'elles doivent, à une époque quelconque, rester toujours très-petites. Ainsi, par exemple, on a toujours

$$m\sqrt{a}\left(1-\sqrt{\frac{1-e^2}{1+\tang^2\gamma}}\right)<\mathrm{K};$$

d'où l'on déduit

$$e^2+\left(1-\frac{\mathrm{K}}{m\sqrt{a}}\right)^2\tang^2\gamma<\frac{2\mathrm{K}}{m\sqrt{a}},$$

inégalité qui montre que e et γ doivent toujours rester très-petits, en raison de la petitesse même de K. Les excentricités et les inclinaisons restent donc toujours, comme nous l'avions annoncé, renfermées dans d'étroites limites, lorsqu'on tient compte de leurs variations séculaires du premier ordre.

Il en est encore de même lorsqu'on tient compte de leurs variations totales; car celles-ci ne diffèrent des précédentes que par des termes, périodiques ou non, mais qui restent toujours de l'ordre de μ lorsque la valeur de μt n'est pas trop considérable, ou pendant plusieurs milliers d'années.

10. Si l'on veut obtenir les parties des variations dont la grandeur, même à des époques éloignées, reste comparable à celle de μ, il faut, pour chaque élément p, calculer les quantités que nous avons représentées par π_1 et p_1 (n° **6**). Occupons-nous de cette dernière quantité p_1, d'où dépend la variation périodique du premier ordre.

Nous avons vu qu'on a

$$p_1 = \int P'dt, \quad q_1 = \int Q'dt, \quad s_1 = \int S'dt, \text{ etc.},$$

P', Q', S', etc., étant les parties périodiques de P, Q, S, etc., lorsqu'on y remplace p, q, s, etc., ζ, ζ', etc., par π, χ, σ, etc., nt, nt', etc.

Soit

$$A \cos[(in + i'n')t + B]$$

un des termes de ces fonctions, A et B y étant fonctions des éléments constants augmentés de leurs variations séculaires du premier ordre, ou, par conséquent, fonctions de μt. Ce terme peut se décomposer en deux autres, qui sont

$$A \cos B \cos(in + i'n')t - A \sin B \sin(in + i'n')t.$$

Intégrant par parties, on obtient deux séries de termes périodiques, ordonnés suivant les puissances de μ (sans t), et dont il suffit de conserver les deux premiers, indépendants de μ, et qui sont

$$\frac{A \cos B}{in + i'n'} \sin(in + i'n')t + \frac{A \sin B}{in + i'n'} \cos(in + i'n')t,$$

ou

$$\frac{A}{in + i'n'} \sin[(in + i'n')t + B].$$

On voit par là que pour obtenir les variations périodiques du premier ordre, il suffit d'intégrer les fonctions précédentes comme si le temps n'était variable que dans nt, $n't$, etc., et nullement dans π, χ, σ, etc., fonctions de μt.

Si, dans le terme qui précède, A et B étaient constants, on voit que ce terme reprendrait la même valeur au bout d'un temps égal à $\frac{2\pi}{in + i'n'}$, c'est-à-dire au bout d'un temps comparable à la durée des révolutions des planètes. Mais comme A et B sont fonctions de μt, et s'accroissent, par conséquent, d'une quantité de l'ordre de μ, on doit dire seulement que le terme dont il s'agit repasse, au bout de ce temps, par une valeur très-peu différente de celle qu'il avait d'abord.

11. Nous allons maintenant faire voir que dans le cas où p représente le demi-grand axe de l'une des planètes, la valeur correspondante de π_1, c'est-à-dire la partie séculaire de la variation fournie par la seconde approximation, se réduit à zéro.

On sait que la valeur de $\frac{d\pi_1}{d.\mu t}$ s'obtient en cherchant la partie séculaire de l'expression

$$\frac{dP}{dp}p_1 + \frac{dP}{dq}q_1 + \frac{dP}{ds}s_1 + \ldots + \frac{dP}{d\zeta}\zeta_1 + \frac{dP}{d\zeta'}\zeta'_1 + \text{etc.},$$

lorsqu'on y suppose les éléments p, q, s, etc., remplacés par leurs valeurs séculaires π_0, χ_0, σ_0, etc.; ζ, ζ', etc., par nt, $n't$, etc., et les intégrations qui donnent p_1, q_1, s_1, etc., ζ_1, ζ'_1, etc., effectuées comme si le temps n'était variable que dans les moyens mouvements.

Dans le cas où il s'agit du demi-grand axe, P est égal à $(a, c)\frac{dR}{dc}$, ou à $(a, c)\frac{dR}{d\zeta}$. D'ailleurs,

$$\zeta_1 = -\frac{3n}{2a}\int a_1 dt, \quad \zeta'_1 = -\frac{3n'}{2a'}\int a'_1 dt, \text{ etc.};$$

l'expression précédente prend donc la forme

$$(G)\left\{\begin{aligned} &\frac{d(a,c)}{da}\frac{dR}{d\zeta}a_1 + (a,c)\left(-\frac{3n}{2a}\frac{d^2R}{d\zeta^2}\int a_1 dt + \frac{d^2R}{d\zeta\,da}a_1 + \frac{d^2R}{d\zeta\,dc}c_1 + \ldots\right) \\ &+ (a,c)\left(-\frac{3n'}{2a'}\frac{d^2R}{d\zeta d\zeta'}\int a'_1 dt + \frac{d^2R}{d\zeta da'}a'_1 + \frac{d^2R}{d\zeta dc'}c'_1 + \ldots - \frac{3n''}{2a''}\frac{d^2R}{d\zeta d\zeta''}\int a''_1 dt + \text{etc.}\right)\end{aligned}\right.$$

La première ligne peut s'écrire :

$$(a,c)\frac{d(a,c)}{da}\frac{dR}{d\zeta}\int\frac{dR}{d\zeta}dt - \frac{3n}{2a}(a,c)^2\frac{d^2R}{d\zeta^2}\iint\frac{dR}{d\zeta}dt^2$$
$$+ (p,q)\Sigma\left(\frac{d^2R}{d\zeta\,dp}\int\frac{dR}{dq}dt - \frac{d^2R}{d\zeta\,dq}\int\frac{dR}{dp}dt\right),$$

où il faut supposer qu'on ait pris pour R la partie périodique seulement de la fonction perturbatrice.

Si, pour obtenir une partie non périodique, nous y remplaçons R par la somme de tous les termes qui dépendent d'un même argument, laquelle somme peut s'écrire

$$A\cos(in + i'n')t + B\sin(in + i'n')t,$$

A et B y étant des fonctions de μt, et si nous effectuons les calculs, nous trouvons que cette partie non périodique se réduit à zéro. Il ne nous reste donc plus qu'à chercher les termes séculaires qui se trouvent dans la seconde ligne de l'expression (G), et à prouver qu'ils s'entre-détruisent.

Pour cela nous remarquons que les termes dont se compose $\frac{d\pi_1}{d.\mu t}$, s'ils ne sont pas nuls, doivent être de la forme

$$m(m'S' + m''S'' + \ldots),$$

S', S'', etc., étant des fonctions de μt; de même, relativement à une autre planète, les termes de $\frac{d\pi'_1}{d.\mu t}$ sont de la forme

$$m'(mT + m''T'' + \ldots),$$

et ainsi de suite.

Nous remarquons en outre que le principe des forces vives donne l'équation

$$\frac{2\mu^2}{1+\mu\Sigma m}\frac{d}{dt}\Sigma m^2(\Sigma m - m)\frac{1}{r} + \Sigma\left(m - \frac{\mu m^2}{1+\mu\Sigma m}\right)\frac{1+\mu m}{a^2}\frac{da}{dt}$$
$$= 2\mu\frac{d}{dt}\Sigma\frac{mm'}{\sqrt{(x-x')^2+(y-y')^2+(z-z')^2}}$$
$$+\frac{2\mu}{1+\mu\Sigma m}\frac{d}{dt}\Sigma mm'\frac{dx\,dx'+dy\,dy'+dz\,dz'}{dt^2},$$

équation qui devient identique lorsqu'on y remplace les éléments par leurs valeurs complètes.

Ainsi, dans les deux membres, les parties périodiques et les parties séculaires sont égales séparément, et parmi ces dernières, l'égalité doit avoir lieu entre les fonctions de μt qui sont multipliées par les mêmes puissances de μ.

Or dans l'équation précédente on sait, et nous ne reprendrons pas ici une démonstration déjà connue, que les parties séculaires sont toutes de l'ordre de μ^3, excepté dans $\Sigma\frac{m}{a^2}\frac{da}{dt}$, qui entre dans le premier membre, et où par conséquent la partie de l'ordre de μ^2 doit être nulle séparément. On a donc

$$\Sigma \frac{m}{a^2} \frac{d\pi_1}{d.\mu t} = 0,$$

ou

$$m^2 \left(m' \frac{S'}{a^2} + m'' \frac{S''}{a^2} + \ldots \right) + m'^2 \left(m \frac{T}{a'^2} + m'' \frac{T''}{a'^2} + \ldots \right) + \text{etc.} = 0,$$

en remarquant que S′, S″, etc., T, T″, etc., y sont des fonctions de μt qui renferment elles-mêmes les masses m, m', m'', etc. Or on démontre facilement que cette équation devant avoir lieu quels que soient les rapports qui existent entre ces masses, et aussi quelles que soient les grandeurs initiales des éléments, les fonctions de S′, S″, etc., T, T″, etc., doivent être séparément nulles.

On a donc

$$\frac{d\pi_1}{d.\mu t} = 0, \quad \frac{d\pi'_1}{d.\mu t} = 0, \text{ etc.}$$

12. Il résulte de là que si le demi-grand axe renferme une partie séculaire, cette partie séculaire doit être de la forme

$$\pi_2 \mu^2 + \pi_3 \mu^3 + \text{etc.}$$

Quant à la partie périodique, elle est de la forme

$$p_1 \mu + p_2 \mu^2 + \text{etc.},$$

p_1 y étant composé, comme nous l'avons vu au n° **10**. d'une suite de termes tels que

$$\frac{A}{in + i'n'} \sin [(in + i'n')t + B],$$

où le coefficient A est fonction de la partie constante du demi-grand axe et des valeurs constantes des excentricités et des inclinaisons, augmentées de leurs parties séculaires du premier ordre, lesquelles restent toujours très-petites (n° **9**).

On peut donc dire, relativement aux grands axes des planètes, que si leur variation renferme une partie non assujettie à rester comprise entre d'étroites limites, mais susceptible de croître indéfiniment avec le temps, cette partie, tant que μt ne sera pas trop considérable, c'est-à-dire pendant plusieurs milliers d'années, devra demeurer de l'ordre de μ^2.

13. Occupons-nous maintenant des moyens mouvements. Supposant d'abord que π_1 ne soit pas nul, il est facile de voir qu'on a

$$\frac{d\zeta}{dt} = n - \frac{3n}{2a}\pi_1\mu,$$

en négligeant les termes périodiques et ceux des termes séculaires qui se trouvent multipliés par μ^2. Il en résulte, après intégration,

$$\zeta = nt - \frac{3n}{2a}\int \pi_1 \, d\mu t,$$

où la partie séculaire négligée est de l'ordre de μ. Si donc π_1 est nul, on voit que la partie séculaire de la variation de ζ est au moins de l'ordre de μ.

On peut donc dire aussi, relativement aux moyens mouvements des planètes, que si leur variation renferme une partie susceptible de croître indéfiniment avec le temps, cette partie devra rester de l'ordre de μ, tant que μt ne sera pas trop considérable.

14. La stabilité du système planétaire est donc assurée pour plusieurs milliers d'années, puisque pendant tout ce temps les excentricités et les inclinaisons des planètes resteront toujours très-petites, et que les moyens mouvements ne seront soumis qu'à des variations de l'ordre de leurs masses.

Vu et approuvé,

Le 29 septembre 1843.

Pour le DOYEN DE LA FACULTÉ DES SCIENCES,

Le Doyen par intérim, Professeur à la Faculté.

FRANCOEUR.

Permis d'imprimer,

L'INSPECTEUR GÉNÉRAL DES ÉTUDES,

chargé de l'administration de l'Académie de Paris,

ROUSSELLES.

THÈSE DE MÉCANIQUE.

SUR LE

MOUVEMENT DE TROIS CORPS.

---

1. Nous allons considérer les mouvements relatifs du Soleil, de la Terre et de la Lune, lorsqu'on suppose les masses de ces corps concentrées en leurs centres et qu'on fait abstraction des autres planètes du système solaire.

Nous examinerons, par exemple, le mouvement du centre de gravité de la Lune et de la Terre autour du Soleil, et le mouvement de la Lune autour de ce centre de gravité. Plus particulièrement nous chercherons, parmi les variations du grand axe de l'orbite que décrit la Lune, la partie de l'ordre le moins élevé qui est indépendante des moyens mouvements.

2. Soient M, m', m les masses du Soleil, de la Terre et de la Lune; soient $x_1, y_1, z_1, x_0, y_0, z_0$ les coordonnées des deux derniers corps, lorsqu'on prend le premier pour origine des axes. Nous avons entre ces coordonnées six équations qui sont

$$o = \frac{d^2x_0}{dt^2} + \frac{(\mathrm{M}+m)x_0}{r_0^3} + m'\left\{\frac{x_1}{r_1^3} + \frac{x_0 - x_1}{[(x_0-x_1)^2+(y_0-y_1)^2+(z_0-z_1)^2]^{\frac{3}{2}}}\right\}, \quad o = \frac{d^2y_0}{dt^2} + \text{etc.},$$

$$o = \frac{d^2x_1}{dt^2} + \frac{(\mathrm{M}+m')x_1}{r_1^3} + m\left\{\frac{x_0}{r_0^3} - \frac{x_0 - x_1}{[(x_0-x_1)^2+(y_0-y_1)^2+(z_0-z_1)^2]^{\frac{3}{2}}}\right\}, \quad o = \frac{d^2y_1}{dt^2} + \text{etc.};$$

en posant

$$r_1 = \sqrt{x_1^2 + y_1^2 + z_1^2}, \qquad r_0 = \sqrt{x_0^2 + y_0^2 + z_0^2}.$$

3. Soient x, y, z les coordonnées de la Lune rapportées au centre de gravité de la Lune et de la Terre, x', y', z' les coordonnées de ce centre de gravité rapportées au Soleil.

On a

$$x_0 = x' + x, \qquad y_0 = y' + y, \qquad z_0 = z' + z,$$

$$x_1 = x' - \frac{m}{m'}x, \quad y_1 = y' - \frac{m}{m'}y, \quad z_1 = z' - \frac{m}{m'}z.$$

Substituant ces valeurs dans les équations différentielles ci-dessus, on obtient six équations nouvelles qui, en n'écrivant que les deux premières, peuvent se mettre sous la forme

$$\frac{d^2x}{dt^2} + \frac{m'^3}{(m'+m)^2} \cdot \frac{x}{r^3} = \frac{Mm'}{m'+m}\left(\frac{x_1}{r_1^3} - \frac{x_0}{r_0^3}\right),$$

$$\frac{d^2x'}{dt^2} + \frac{(M+m'+m)x'}{r'^3} = \frac{M+m'+m}{m'+m}\left[\frac{(m'+m)x'}{r'^3} - \frac{m'x_1}{r_1^3} - \frac{mx_0}{r_0^3}\right],$$

en posant

$$r = \sqrt{x^2 + y^2 + z^2}, \qquad r' = \sqrt{x'^2 + y'^2 + z'^2}.$$

Posons maintenant

$$R = \frac{m'+m}{r'} - \frac{m'}{r_1} - \frac{m}{r_0},$$

en remarquant que r_0, r_1 sont des fonctions des coordonnées x, y, z, x', y', z', tandis que r' ne dépend que de x', y', z'; il est facile de reconnaître que les équations précédentes peuvent s'écrire

$$\frac{d^2x}{dt^2} + \frac{m'^3}{(m'+m)^2} \cdot \frac{x}{r^3} = -\frac{Mm'}{m(m'+m)}\frac{dR}{dx},$$

$$\frac{d^2x'}{dt^2} + \frac{(M+m'+m)x'}{r'^3} = -\frac{M+m'+m}{m'+m} \cdot \frac{dR}{dx'}.$$

Si nous tenons compte des quatre autres équations que nous n'avons pas écrites et qui sont relatives aux différentielles secondes de

y, z, y', z', nous avons en tout six équations entre les coordonnées x, y, z, x', y', z'.

4. Pour intégrer ces équations nous ferons d'abord abstraction des seconds membres, ce qui nous permettra d'exprimer les fonctions inconnues au moyen du temps et de constantes arbitraires, que nous ferons varier ensuite de manière à satisfaire aux équations complètes.

Lorsqu'on fait abstraction des seconds membres, les équations différentielles relatives à la Lune donnent le mouvement de cet astre, tel qu'il aurait lieu en effet autour du centre de gravité de la Lune et de la Terre, si le Soleil n'avait pas d'action sur ces deux corps. Quant aux équations différentielles relatives à x', y', z', elles donnent le mouvement de ce centre de gravité autour du Soleil dans le cas où la masse de la Lune et celle de la Terre s'y trouveraient réunies. C'est-à-dire qu'on obtient pour x, y, z des valeurs elliptiques fonctions du temps et de six éléments $a, c, e, \omega, \gamma, \alpha$; et de même pour x', y', z'. Dans ce cas, n et n' représentant les moyens mouvements angulaires de la Lune et du centre de gravité, on a

$$n = \sqrt{\frac{m'^3}{(m'+m)^2 a^3}}, \qquad n' = \sqrt{\frac{M+m'+m}{a'^3}}.$$

Si maintenant on veut faire varier les éléments pour avoir les valeurs exactes des coordonnées, on aura entre ces éléments deux systèmes, de six équations chacun, de même forme que le système des équations (10) du Mémoire de M. Poisson sur le mouvement de la Lune.

5. Ces équations ne pouvant être intégrées qu'approximativement, afin de conduire plus facilement l'approximation, nous modifierons un peu leur forme. Mais auparavant nous allons développer la valeur de

$$R = \frac{m'+m}{r'} - \frac{m'}{r_1} - \frac{m}{r_0}.$$

Pour cela, nous remarquerons qu'en vertu des valeurs de x_0, y_0, z_0.

x_1, y_1, z_1, du nº **3**, on a

$$r_0^2 = r'^2 + 2(xx' + yy' + zz') + r^2,$$

$$r_1^2 = r'^2 - \frac{2m}{m'}(xx' + yy' + zz') + \frac{m^2}{m'^2}r^2;$$

d'où, en posant

$$\frac{xx' + yy' + zz'}{rr'} = s,$$

on déduit

$$\frac{1}{r_0} = \frac{1}{r'}\left(1 + 2s\frac{r}{r'} + \frac{r^2}{r'^2}\right)^{-\frac{1}{2}},$$

$$\frac{1}{r_1} = \frac{1}{r'}\left(1 - \frac{2ms}{m'}\frac{r}{r'} + \frac{m^2}{m'^2}\frac{r^2}{r'^2}\right)^{-\frac{1}{2}},$$

où les seconds membres sont développables suivant les puissances de $\frac{r}{r'}$, quantité toujours très-petite.

Développant, et substituant dans R, on a

$$R = \frac{m(m'+m)}{m'}\frac{r^2}{2r'^3}\left[(1 - 3s^2) + \frac{m'-m}{m'}(3s - 5s^2)\frac{r}{r'} + \text{etc.}\right].$$

Dans les équations différentielles entre les variables, nous allons maintenant remplacer a par $a_0 u$, a' par $a'_0 u'$, en désignant par a_0, a'_0 les valeurs des grands axes à l'origine du temps.

Les équations différentielles relatives aux éléments a, c, e, ω, γ, α, sont

$$\frac{da}{dt} = -\frac{2}{an}\frac{Mm'}{m(m'+m)}\frac{dR}{dc},$$

$$\frac{dc}{dt} = \frac{2}{an}\frac{Mm'}{m(m'+m)}\frac{dR}{da} + \frac{1-e^2}{a^2nc}\frac{Mm'}{m(m'+m)}\frac{dR}{de},$$

$$\frac{de}{dt} = \text{etc., etc.}$$

Nous pouvons d'abord, pour simplifier, poser

$$R = \frac{a_0^2}{a'^3_0}\frac{m(m'+m)}{m'}S,$$

en désignant par S l'expression

$$\frac{u^2}{2u'^3}\frac{\left(\frac{r}{a}\right)^2}{\left(\frac{r'}{a'}\right)^3}\left[(1-3s^2)+\frac{m'-m}{m'}(3s-5s^3)\frac{r}{r'}+\text{etc.}\right],$$

laquelle, après substitution des valeurs elliptiques de x, y, z, x', y', z', dans r, r', s, peut se développer elle-même en une série convergente de termes de la forme

$$\text{H}\cos[i(nt+c)+i'(n't+c')+i_1\omega+i'_1\omega'+i_2\alpha+i'_2\alpha'].$$

Si ensuite nous remarquons que n doit être remplacé par $n_0 u^{-\frac{1}{3}}$, que $\frac{1}{a'^3_0}=\frac{n'^2_0}{\text{M}+m'+m}$, et si nous posons $\frac{n'^2_0}{n^2_0}=\eta^2$, ces équations différentielles deviendront

$$\frac{du}{dt}=-2\frac{\text{M}}{\text{M}+m'+m}\eta^2 n_0 u^{\frac{1}{3}}\frac{d\text{S}}{dc},$$

$$\frac{dc}{dt}=\ 2\frac{\text{M}}{\text{M}+m'+m}\eta^2 n_0 u^{\frac{1}{3}}\frac{d\text{S}}{du}+\frac{\text{M}}{\text{M}+m'+m}\eta^2 n_0\frac{1-e^2}{e}u^{-\frac{1}{3}}\frac{d\text{S}}{de},$$

$$\frac{de}{dt}=\quad\text{etc., etc.},$$

équations que, pour abréger, nous écrirons comme il suit

$$(\text{A})\quad\begin{cases}\frac{du}{dt}=\ \eta^2 n_0(u,c)\frac{d\text{S}}{dc},\\[4pt] \frac{dc}{dt}=-\eta^2 n_0(u,c)\frac{d\text{S}}{du}-\eta^2 n_0(e,c)\frac{d\text{S}}{dc},\\[4pt] \frac{de}{dt}=\ \eta^2 n_0(e,c)\frac{d\text{S}}{dc}+\eta^2 n_0(e,\omega)\frac{d\text{S}}{d\omega},\\[4pt] \frac{d\omega}{dt}=-\eta^2 n_0(e,\omega)\frac{d\text{S}}{de}-\eta^2 n_0(\gamma,\omega)\frac{d\text{S}}{d\gamma},\\[4pt] \frac{d\gamma}{dt}=\ \eta^2 n_0(\gamma,\omega)\frac{d\text{S}}{d\omega}+\eta^2 n_0(\gamma,\alpha)\frac{d\text{S}}{d\alpha},\\[4pt] \frac{d\alpha}{dt}=-\eta^2 n_0(\gamma,\alpha)\frac{d\text{S}}{d\gamma},\end{cases}$$

en y remarquant que les divers coefficients (u, c), (e, c), (e, ω), etc., sont fonctions seulement des éléments qui n'entrent pas sous les signes périodiques.

Quant aux équations relatives aux variations des éléments de l'orbite elliptique que décrit autour du Soleil le centre de gravité de la Terre et de la Lune, elles pourront semblablement se mettre sous la forme

$$\frac{du'}{dt} = \eta'^2 n'_0 (u', c') \frac{dS}{dc},$$

$$\frac{dc'}{dt} = -\eta'^2 n'_0 (u', c') \frac{dS}{du'} - \eta'^2 n'_0 (e', c') \frac{dS}{de'},$$

$$\frac{de'}{dt} = \text{etc., etc.},$$

en posant

$$\eta'^2 = \frac{m}{m'} \frac{a_0^2}{a_0'^2};$$

n'_0 y représente le moyen mouvement angulaire à l'origine du temps, et a, par conséquent, une valeur constante.

6. Nous pouvons résoudre ces deux systèmes d'équations en leur appliquant la méthode d'approximation que nous avons donnée dans le n° **6** du travail précédent.

Nous savons que η ou $\frac{n'_0}{n_0}$ est, à peu près, égal à $\frac{1}{13}$; nous regarderons cette quantité comme étant du premier ordre. Les rapports $\frac{m}{m'}$, $\frac{a_0}{a'_0}$ diffèrent peu des nombres $\frac{1}{70}$, $\frac{1}{400}$; donc η'^2, peu différent de $\frac{1}{11\,200\,000}$, peut être regardé comme quantité du sixième ordre.

Il résulte de là que si, dans la recherche des valeurs de u, c, e, etc., on veut négliger ce qui est supérieur au sixième ordre, on pourra, dans le courant des calculs, regarder les éléments u', c', e', etc., comme constants (ou plutôt comme augmentés seulement de leurs parties non périodiques, ce qui n'importe pas d'ailleurs pour les calculs qui vont suivre).

Nous n'aurons donc à nous occuper que du premier système d'équations (A), dans lequel nous remplacerons, sous les signes périodiques, nt par ζ, en ajoutant au système l'équation nouvelle

$$\frac{d\zeta}{dt} = n_0 u^{-\frac{3}{2}}.$$

(Nous effacerons désormais les indices de n_0 et n'_0, nous rappelant qu'alors n et n' sont des quantités constantes.)

7. Dans les seconds membres des équations (A), η^2 se trouve toujours multiplié par n, en sorte qu'on doit s'attendre à trouver en facteurs, dans les termes des développements de u, c, e, etc., des puissances entières et positives de n correspondant aux mêmes puissances de η^2. Mais si l'on remarque que chaque intégration d'un terme périodique fait naître un diviseur de la forme $in + i'n'$, il sera facile d'apercevoir qu'à chaque facteur n, non multiplié par t, correspond un diviseur $in + i'n'$; d'où le multiplicateur $\frac{n}{in + i'n'}$. Ce sont des multiplicateurs de cette forme qui, prenant une valeur très-grande lorsque $in + i'n'$ est très-petit, par suite des valeurs de i, i', ralentissent l'approximation ou la rendent stationnaire. Nous ne nous préoccuperons pas de leur grandeur, et nous remarquerons seulement que les valeurs des éléments se composent d'une partie non périodique, fonction de $\eta^2 nt$, développée suivant les puissances de η^2, plus une suite de termes tels que

$$\mathrm{H} \begin{matrix}\sin \\ \cos\end{matrix} [(in + i'n')t + \mathrm{K}],$$

H et K ayant même forme que la partie non périodique. Nous ne regardons ici comme périodiques que les termes pour lesquels i et i' ne sont pas nuls à la fois : pourtant, lorsque i et i' sont nuls, ces termes peuvent encore être périodiques, si K renferme une partie proportionnelle au temps; mais cette partie étant de l'ordre de η^2, la période est plus considérable.

8. Nous savons que la première et la seconde approximation ne donnent pas de parties non périodiques dans u; nous allons passer à l'approximation suivante, c'est-à-dire chercher les termes non périodiques, fonctions de $\eta^2 nt$, qui se trouvent multipliés par η^4. Pour cela nous devons intégrer les termes de même forme, multipliés par η^6, et que renferme $\frac{du}{dt}$.

Soient écrites les équations différentielles de la manière suivante

$$\frac{du}{dt} = \eta^2 \mathrm{U}, \quad \frac{dp}{dt} = \eta^2 \mathrm{P}, \quad \frac{dq}{dt} = \eta^2 \mathrm{Q}, \text{ etc.};$$

on devra poser

$$(\mathrm{B}) \quad \begin{cases} \dfrac{du}{dt} = \eta^4 \left(\dfrac{d\mathrm{U}}{du} u_1 + \dfrac{d\mathrm{U}}{dp} p_1 + \dfrac{d\mathrm{U}}{dq} q_1 + \ldots\right) \\ \qquad + \eta^6 \left(\dfrac{d\mathrm{U}}{du} u_2 + \dfrac{d\mathrm{U}}{dp} p_2 + \ldots + \dfrac{d^2\mathrm{U}}{2du^2} u_1^2 + \ldots + \dfrac{d\mathrm{U}}{du\,dp} u_1 p_1 + \ldots\right), \end{cases}$$

faire dans le second membre u constant, ζ proportionnel au temps; remplacer, dans la première parenthèse, p, q, etc., par leurs valeurs approchées $\pi_0 + \pi_1 \eta^2$, $\chi_0 + \chi_1 \eta^2$, etc., avant d'avoir effectué les intégrations qui donnent u_1, p_1, q_1, etc.; remplacer de même, dans la seconde parenthèse, p, q, etc., par π_0, χ_0, etc., avant toute intégration; chercher enfin, dans le second membre ainsi calculé, les termes non périodiques, multipliés par η^6, et les intégrer.

Nous allons nous occuper d'abord de la seconde parenthèse; nous passerons ensuite à la première.

9. Avant d'effectuer les intégrations qui doivent donner les valeurs de u_1, p_1, q_1, etc., u_2, p_2, q_2, etc., pour la seconde parenthèse, nous pouvons remarquer que si l'on intègre par parties, et qu'on ne conserve que les premiers termes des développements, ce qui est suffisant, les résultats auxquels on arrive sont précisément les mêmes que ceux qu'on obtient en regardant les éléments p, q, etc., comme constants. Nous ferons donc les calculs dans cette hypothèse, et ce n'est qu'ensuite que nous substituerons à p, q, etc., les valeurs π_0, χ_0, etc., fonctions de $\eta^2 nt$.

Prenant la seconde partie de la valeur de $\frac{du}{dt}$ donnée par la formule (B), remarquant que U est égal à $n(u, c)\frac{dS}{dc}$ ou à $n(u,c)\frac{dS'}{d\zeta}$, en désignant par S′ la partie périodique de S, on peut écrire

$$(\mathrm{C})\left\{\begin{aligned}
\frac{du}{dt} = \eta^6 n(u,c)&\left\{\begin{aligned}
&\frac{d^2S'}{d\zeta du}u_2 + \frac{d^2S'}{d\zeta dc}c_2 + \frac{d^2S'}{d\zeta de}e_2 + \ldots \\
&+ \frac{d^3S'}{2d\zeta du^2}u_1^2 + \frac{d^3S'}{2d\zeta dc^2}c_1^2 + \ldots + \frac{d^3S'}{d\zeta dudc}u_1c_1 + \ldots \\
&+ \frac{d^2S'}{d\zeta^2}\zeta_2 + \frac{d^3S'}{2d\zeta^3}\zeta_1^2 + \frac{d^3S'}{d\zeta^2 du}\zeta_1 u_1 + \frac{d^3S'}{d\zeta^2 dc}\zeta_1 c_1 + \ldots
\end{aligned}\right\} \\
&+ \eta^6 n\frac{d(u,c)}{du}\left(\frac{dS'}{d\zeta}u_2 + \frac{d^2S'}{d\zeta^2}u_1\zeta_1 + \frac{d^2S'}{d\zeta du}u_1^2 + \frac{d^2S'}{d\zeta dc}u_1c_1 + \ldots\right) \\
&+ \eta^6 n\frac{d^2(u,c)}{2du^2}u_1^2,
\end{aligned}\right.$$

formule dans laquelle il faut supposer u_2, c_2, e_2, etc., déterminés en posant

$$(\mathrm{D})\left\{\begin{aligned}
\frac{du_2}{dt} &= n(u,c)\left(\frac{d^2S}{dcdu}u_1 + \frac{d^2S}{dc^2}c_1 + \ldots\right) + n(u,c)\frac{d^2S}{dcd\zeta}\zeta_1 + n\frac{d(u,c)}{du}\frac{dS}{dc}u_1, \\
\frac{dc_2}{dt} &= -n(u,c)\left(\frac{d^2S}{du^2}u_1 + \frac{d^2S}{dudc}c_1 + \ldots\right) - n(u,c)\frac{d^2S}{dud\zeta}\zeta_1 - n\frac{d(u,c)}{du}\frac{dS}{du}u_1 \\
&\quad - n(e,c)\left(\frac{d^2S}{dedu}u_1 + \frac{d^2S}{dedc}c_1 + \ldots\right) - \text{etc.}, \\
&\text{etc.}, \qquad \text{etc.}\ldots
\end{aligned}\right.$$

10. Ne considérons d'abord que les deux premières lignes de la valeur de $\frac{du}{dt}$ donnée par la formule (C); remplaçons-y u_2, c_2, e_2, etc., par les parties de leurs valeurs qui sont indépendantes de ζ_1 et des différentielles partielles de (u, c), (e, c), etc., par rapport aux éléments; remplaçons ensuite u_1, c_1, etc., par leurs valeurs déduites des équations (A), intégrées en remplaçant S par S′, et ne faisant pas varier les éléments. Nous aurons, en faisant abstraction du facteur $\eta^6 n^3(u, c)$, une partie qui pourra se grouper en termes, les uns de la forme

$$
\text{(E)}\quad \tfrac{1}{2}(p,q)^2 \left\{
\begin{aligned}
& 2\,\frac{d^2S'}{d\zeta dp}\int\left(\frac{d^2S}{dqdp}\int\frac{dS'}{dq}\,dt - \frac{d^2S}{dq^2}\int\frac{dS'}{dp}\,dt\right)dt \\
& -2\,\frac{d^2S'}{d\zeta dq}\int\left(\frac{d^2S}{dp^2}\int\frac{dS'}{dq}\,dt - \frac{d^2S}{dpdq}\int\frac{dS'}{dp}\,dt\right)dt \\
& +\frac{d^3S'}{d\zeta dp^2}\int\frac{dS'}{dq}\,dt\int\frac{dS'}{dq}\,dt + \frac{d^3S'}{d\zeta dq^2}\int\frac{dS'}{dp}\,dt\int\frac{dS'}{dp}\,dt \\
& -2\,\frac{d^3S'}{d\zeta dpdq}\int\frac{dS'}{dp}\,dt\int\frac{dS'}{dq}\,dt
\end{aligned}
\right\},
$$

les autres de la forme

$$
\text{(F)}\quad (p,q)(m,n) \left\{
\begin{aligned}
& \frac{d^2S'}{d\zeta dp}\int\left(\frac{d^2S}{dqdm}\int\frac{dS'}{dn}\,dt - \frac{d^2S}{dqdn}\int\frac{dS'}{dm}\,dt\right)dt \\
& -\frac{d^2S'}{d\zeta dq}\int\left(\frac{d^2S}{dpdm}\int\frac{dS'}{dn}\,dt - \frac{d^2S}{dpdn}\int\frac{dS'}{dm}\,dt\right)dt \\
& +\frac{d^2S'}{d\zeta dm}\int\left(\frac{d^2S}{dndp}\int\frac{dS'}{dq}\,dt - \frac{d^2S}{dndq}\int\frac{dS'}{dp}\,dt\right)dt \\
& -\frac{d^2S'}{d\zeta dn}\int\left(\frac{d^2S}{dmdp}\int\frac{dS'}{dq}\,dt - \frac{d^2S}{dmdq}\int\frac{dS'}{dp}\,dt\right)dt \\
& -\frac{d^3S'}{d\zeta dqdm}\int\frac{dS'}{dp}\,dt\int\frac{dS'}{dn}\,dt + \frac{d^3S'}{d\zeta dqdn}\int\frac{dS'}{dp}\,dt\int\frac{dS'}{dm}\,dt \\
& +\frac{d^3S'}{d\zeta dpdm}\int\frac{dS'}{dq}\,dt\int\frac{dS'}{dn}\,dt - \frac{d^3S'}{d\zeta dpdn}\int\frac{dS'}{dq}\,dt\int\frac{dS'}{dm}\,dt
\end{aligned}
\right\}.
$$

Dans ces termes, (p, q), (m, n) représentent deux quelconques des cinq coefficients (u, c) (e, c), etc. On peut remarquer que les deux éléments q et n n'entrent que sous les signes périodiques, tandis que les deux autres éléments p et m restent toujours en dehors.

Nous allons prouver qu'il n'entre dans les termes (E) et (F) aucune partie non périodique. Pour cela il suffira évidemment de considérer le second terme, puisque le premier peut s'en déduire en changeant m en p, n en q, et divisant par 2.

11. La fonction S se compose de deux parties, l'une périodique S′, l'autre non périodique. Prenant donc d'abord la partie S′ de S, on peut apercevoir que les termes constants, s'il en existe, s'obtiendront en posant

$$
S' = A\cos(\nu t + N) + A_1\cos(\nu_1 t + N_1) + A_2\cos(\nu_2 t + N_2),
$$

dans laquelle valeur on suppose

$$\nu = in + i'n', \quad \nu_1 = i_1 n + i'_1 n', \quad \nu_2 = i_2 n + i'_2 n';$$

les coefficients ν, ν_1, ν_2 étant d'ailleurs liés entre eux par la relation

$$\nu + \nu_1 + \nu_2 = 0,$$

qui implique les deux autres

$$i + i_1 + i_2 = 0, \quad i' + i'_1 + i'_2 = 0,$$

et les parties N, N_1, N_2 des arcs renfermant l'élément q avec des coefficients entiers, positifs ou négatifs, représentés par s, s_1, s_2, et l'élément n avec des coefficients aussi entiers, positifs ou négatifs, représentés par r, r_1, r_2.

Substituant cette valeur de S', on obtient pour $\frac{d^2S'}{d\zeta dp}\int\frac{d^2S'}{dq\,dm}\int\frac{dS'}{dn}dt^2$, six termes de la forme

$$\frac{rs_1i_2}{4\nu\nu_2}A\frac{dA_1}{dm}\frac{dA_2}{dp}\sin(N + N_1 + N_2),$$

et qui se déduisent de celui-ci en intervertissant de toutes les manières possibles les indices 0, 1, 2 (*). Pour les autres parties du développement de (F), nous aurons des termes également multipliés par $\sin(N + N_1 + N_2)$, et si nous ne considérons que les coefficients de ce sinus, nous pourrons former le tableau suivant :

$$+\frac{d^2S'}{d\zeta dp}\int\frac{d^2S'}{dq\,dm}\int\frac{dS'}{dn}dt^2 \quad \text{donne} \quad +\frac{rs_1i_2}{4\nu\nu_2}A\frac{dA_1}{dm}\frac{dA_2}{dp}, \qquad (1)$$

$$-\frac{d^2S'}{d\zeta dp}\int\frac{d^2S'}{dq\,dn}\int\frac{dS'}{dm}dt^2 \quad \ldots\ldots\ldots \quad -\frac{rsi_2}{4\nu_1\nu_2}A\frac{dA_1}{dm}\frac{dA_2}{dp}, \qquad (2)$$

$$-\frac{d^2S'}{d\zeta dq}\int\frac{d^2S'}{dp\,dm}\int\frac{dS'}{dn}dt^2 \quad \ldots\ldots\ldots \quad -\frac{r_1s_2i_1}{4\nu_1\nu_2}\frac{d^2A}{dp\,dm}A_1A_2, \qquad (3)$$

$$+\frac{d^2S'}{d\zeta dq}\int\frac{d^2S'}{dp\,dn}\int\frac{dS'}{dm}dt^2 \quad \ldots\ldots\ldots \quad +\frac{r_1si}{4\nu\nu_2}A\frac{dA_1}{dp}\frac{dA_2}{dm}, \qquad (4)$$

(*) La lettre A qui n'a pas d'indice est considérée comme affectée de l'indice 0. Il en est de même pour ν, N, r, s, i, i'.

$$+\frac{d^2 S'}{d\zeta\, dm}\int\frac{d^2 S'}{dn\, dp}\int\frac{dS'}{dq}\, dt^2 \quad \ldots\ldots\ldots \quad +\frac{r_1 s i_2}{4\upsilon\upsilon_2}\, A\, \frac{dA_1}{dp}\, \frac{dA_2}{dm}, \qquad (5)$$

$$-\frac{d^2 S'}{d\zeta\, dm}\int\frac{d^2 S'}{dn\, dq}\int\frac{dS'}{dp}\, dt^2 \quad \ldots\ldots\ldots \quad -\frac{r s i_2}{4\upsilon_1\upsilon_2}\, A\, \frac{dA_1}{dp}\, \frac{dA_2}{dm}, \qquad (6)$$

$$-\frac{d^2 S'}{d\zeta\, dn}\int\frac{d^2 S'}{dm\, dp}\int\frac{dS'}{dq}\, dt^2 \quad \ldots\ldots\ldots \quad -\frac{r_2 s_1 i_2}{4\upsilon_1\upsilon_2}\, \frac{d^2 A}{dp\, dm}\, A_1 A_2, \qquad (7)$$

$$+\frac{d^2 S'}{d\zeta\, dn}\int\frac{d^2 S'}{dm\, dq}\int\frac{dS'}{dp}\, dt^2 \quad \ldots\ldots\ldots \quad +\frac{r s_1 i}{4\upsilon\upsilon_2}\, A\, \frac{dA_1}{dm}\, \frac{dA_2}{dp}, \qquad (8)$$

$$-\frac{d^3 S'}{d\zeta\, dq\, dm}\int\frac{dS'}{dp}\, dt\int\frac{dS'}{dn}\, dt \quad \ldots\ldots\ldots \quad +\frac{r s_1 i_1}{4\upsilon\upsilon_2}\, A\, \frac{dA_1}{dm}\, \frac{dA_2}{dp}, \qquad (9)$$

$$+\frac{d^3 S'}{d\zeta\, dq\, dn}\int\frac{dS'}{dp}\, dt\int\frac{dS'}{dm}\, dt \quad \ldots\ldots\ldots \quad -\frac{r s i}{4\upsilon_1\upsilon_2}\, A\, \frac{dA_1}{dp}\, \frac{dA_2}{dm}, \qquad (10)$$

$$+\frac{d^3 S'}{d\zeta\, dp\, dm}\int\frac{dS'}{dq}\, dt\int\frac{dS'}{dn}\, dt \quad \ldots\ldots\ldots \quad -\frac{r_2 s_1 i}{4\upsilon_1\upsilon_2}\, \frac{d^2 A}{dp\, dm}\, A_1 A_2, \qquad (11)$$

$$-\frac{d^3 S'}{d\zeta\, dp\, dn}\int\frac{dS'}{dq}\, dt\int\frac{dS'}{dm}\, dt \quad \ldots\ldots\ldots \quad +\frac{r_1 s i_1}{4\upsilon\upsilon_2}\, A\, \frac{dA_1}{dp}\, \frac{dA_2}{dm}. \qquad (12)$$

Il faut, dans chacune de ces lignes, intervertir les indices 0, 1, 2 de toutes les manières possibles, ajouter tous les termes ainsi obtenus, et voir si la somme est nulle ; mais tout d'abord on voit que les termes des lignes (1), (8) et (9) s'entre-détruisent, et qu'il en est de même pour les lignes (4), (5) et (12). Pour les autres, il suffit de considérer les termes inscrits dans le tableau et ceux qu'on obtient en échangeant entre eux les accents 1 et 2 ; on reconnaît alors que ces termes s'entre-détruisent dans les lignes (2), (6) et (10), et aussi dans les lignes (3), (7) et (11). Achevant d'intervertir les indices, on doit donc trouver que tous les termes non périodiques s'entre-détruisent.

On peut encore obtenir des parties non périodiques en posant

$$S' = A\cos(\upsilon t + N) + A_1\cos(\upsilon_1 t + N_1),$$

avec la condition

$$\upsilon + 2\upsilon_1 = 0\,;$$

et si l'on suit une marche analogue à la précédente, on trouve encore que tous les termes s'entre-détruisent.

Enfin il faut considérer la partie non périodique de S. Dans ce cas, il résulte de la remarque faite au commencement du n° 9, qu'on peut faire sortir des intégrales les différentielles doubles de S, ce qui donne dans (F) des termes de la forme

$$\frac{d^2 S}{dp\,dn}\left\{\frac{d^2 S'}{d\zeta\,dq}\int\int\frac{dS'}{dm}dt^2 + \frac{d^2 S'}{d\zeta\,dm}\int\int\frac{dS'}{dq}dt^2\right\},$$

les autres termes pouvant, sauf le signe, se déduire de celui-ci en échangeant entre eux les éléments d'une manière quelconque. Pour avoir dans cette expression une partie non périodique, il faut considérer les termes de S′ qui ont même argument; mais les termes de S′ qui contiennent le même angle vt peuvent toujours se réduire à deux, qui sont

$$V \cos vt + W \sin vt.$$

Si donc on substitue cette valeur de S′ dans l'expression précédente, et qu'on cherche la partie non périodique, on trouve qu'elle se réduit à zéro.

Nous pouvons donc conclure de cette analyse que le terme (F) ne renferme aucune partie non périodique.

12. Nous allons maintenant passer à d'autres termes de la formule (C); mais auparavant nous remarquerons que, si l'on substitue

$$u = 1 + u_1\eta + u_2\eta^2$$

dans l'équation

$$\frac{d\zeta}{dt} = nu^{-\frac{3}{2}},$$

on a

$$\frac{d\zeta}{dt} = n - \frac{3}{2}nu_1\eta - n\left(\frac{3}{2}u_2 - \frac{15}{8}u_1^2\right)\eta^2;$$

d'où l'on déduit

$$\zeta_1 = -\tfrac{3}{2}n\int u_1\,dt,\quad \zeta_2 = -\tfrac{3}{2}n\int u_2\,dt + \tfrac{15}{8}n\int(u_1^2)\,dt,$$

en représentant par (u_1^2) la partie périodique de u_1^2.

13. Cela posé, et remarquant que dans la première ligne de la formule (C), nous n'avons encore substitué à u_2, c_2, etc., qu'une partie de leurs valeurs, nous allons y substituer les parties qui dépendent de ζ_1, c'est-à-dire poser

$$u_2 = n(u,c)\int \frac{d^2S'}{d\zeta\, dc}\zeta_1\, dt, \quad c_2 = -n(u,c)\int \frac{d^2S'}{d\zeta\, du}\zeta_1\, dt - n(e,c)\int \frac{d^2S'}{d\zeta\, de}\zeta_1\, dt, \text{ etc.}$$

Cette première ligne nous donnera alors, en faisant abstraction du facteur $\eta^6 n(u,c)$, des termes de la forme

$$n(p,q)\left(\frac{d^2S'}{d\zeta\, dp}\int \frac{d^2S'}{d\zeta\, dq}\zeta_1\, dt - \frac{d^2S'}{d\zeta\, dq}\int \frac{d^2S'}{d\zeta\, dp}\zeta_1\, dt\right),$$

ou, à cause de la valeur de ζ_1 du n° **12**,

$$(a) \quad -\frac{3}{2}n^3(u,c)(p,q)\left(\frac{d^2S'}{d\zeta\, dp}\int \frac{d^2S'}{d\zeta\, dq}\int\int \frac{dS'}{d\zeta}dt^3 - \frac{d^2S'}{d\zeta\, dq}\int \frac{d^2S'}{d\zeta\, dp}\int\int \frac{dS'}{d\zeta}dt^3\right).$$

Dans la troisième ligne de la formule (C), considérons maintenant le terme $\frac{d^2S'}{d\zeta^2}\zeta_2$, et remplaçons-y ζ_2 par la partie de sa valeur qui s'obtient en posant

$$\zeta_2 = -\tfrac{3}{2}n\int u_2\, dt,$$

et

$$\frac{du_2}{dt} = n(u,c)\left(\frac{d^2S'}{d\zeta\, du}u_1 + \frac{d^2S'}{d\zeta\, dc}c_1 + \ldots\right),$$

nous aurons des termes de la forme

$$(b) \quad -\frac{3}{2}n^3(u,c)(p,q)\left(\frac{d^2S'}{d\zeta^2}\int\int \frac{d^2S'}{d\zeta\, dp}\int \frac{dS'}{dq}dt^3 - \frac{d^2S'}{d\zeta^2}\int\int \frac{d^2S'}{d\zeta\, dq}\int \frac{dS'}{dp}dt^3\right).$$

Considérant enfin le troisième terme de la troisième ligne et les suivants, nous pourrons les grouper en termes de la forme

$$(c) \quad -\frac{3}{2}n^3(u,c)(p,q)\left(\frac{d^3S'}{d\zeta^2\, dp}\int \frac{dS'}{dq}dt\int\int \frac{dS'}{d\zeta}dt^2 - \frac{d^3S'}{d\zeta^2 dq}\int \frac{dS'}{dp}dt\int\int \frac{dS'}{d\zeta}dt^2\right).$$

Dans les termes (a), (b), (c), remplaçons S' par la valeur

$$A\cos(\nu t + N) + A_1\cos(\nu_1 t + N_1) + A_2\cos(\nu_2 t + N_2),$$

dans laquelle on suppose

$$\nu + \nu_1 + \nu_2 = 0;$$

nous aurons entre parenthèses des parties non périodiques, dont nous n'écrirons qu'un terme sur six, et qui seront

$$\text{pour } (a)\ldots\ldots + \frac{ii_1i_2s_1}{\nu\nu_2^2} - \frac{ii_1i_2s_1}{\nu_1\nu_2^2},$$

$$\text{pour } (b)\ldots\ldots - \frac{ii_1^2s_2}{\nu_1^2\nu_2} + \frac{i_1^2i_2s_2}{\nu\nu_1^2},$$

$$\text{pour } (c)\ldots\ldots - \frac{i_1^2i_2s_1}{\nu_1\nu_2^2} + \frac{i_1^2i_2s_1}{\nu\nu_2^2},$$

chacune de ces quantités devant être multipliée par le facteur

$$\frac{1}{4}\frac{dA}{dp}A_1A_2\sin(N+N_1+N_2).$$

Or, si nous échangeons les indices 1 et 2, et si nous faisons la somme des termes ainsi obtenus, la somme est nulle. On n'obtient donc encore aucun terme périodique.

Il en est de même aussi, lorsqu'on remplace S' par la valeur

$$A\cos(\nu t + N) + A_1\cos(\nu_1 t + N_1),$$

dans laquelle on suppose $\nu + 2\nu_1 = 0$.

14. Nous reprenons le terme

$$\frac{d^2S'}{d\zeta^2}\zeta_2;$$

nous y faisons

$$\zeta_2 = -\tfrac{3}{2}n\int u_2\,dt,$$

en posant

$$u_2 = n(u, c)\int\frac{d^2S'}{d\zeta^2}\zeta_1\,dt;$$

nous y ajoutons le terme

$$\frac{d^3S'}{2d\zeta^3}\zeta_1^2.$$

Nous obtenons, après toute substitution, l'expression

$$\tfrac{9}{4}n^4(u, c)^3\left(\frac{d^2S'}{d\zeta^2}\int\!\!\int\frac{d^2S'}{d\zeta^2}\int\!\!\int\frac{dS'}{d\zeta}dt^4 + \tfrac{1}{2}\frac{d^3S'}{d\zeta^3}\int\!\!\int\frac{dS'}{d\zeta}dt^2\int\!\!\int\frac{dS'}{d\zeta}dt^2\right).$$

Substituant, entre parenthèses,

$$S' = A\cos(vt + N) + A_1\cos(v_1 t + N_1) + A_2\cos(v_2 t + N_2),$$

nous avons

$$-\tfrac{1}{4}\left(\frac{i^2 i_1 i_2^2}{v_1^2 v_2^2} + \tfrac{1}{2}\frac{i^3 i_1 i_2}{v_1^2 v_2^2}\right) AA_1A_2 \sin(N + N_1 + N_2);$$

y échangeant les indices 1 et 2, et ajoutant, la somme est nulle.

Il en est de même pour

$$S' = A\cos(vt + N) + A_1\cos(v_1 t + N_1).$$

15. Dans le terme

$$\frac{d^2 S'}{d\zeta^2}\zeta_2,$$

nous faisons

$$\zeta_2 = -\tfrac{3}{2} n \int u_2 dt,$$

et

$$u_2 = n\frac{d(u,\ c)}{du}\int \frac{dS'}{d\zeta} u_1 dt;$$

nous avons

$$-\tfrac{3}{2} n^3 (u,\ c)^2 \frac{d(u,\ c)}{du}\frac{d^2 S'}{d\zeta^2}\int\int \frac{dS'}{d\zeta}\int \frac{dS'}{d\zeta} dt^3,$$

qui ne fournit encore aucune partie non périodique.

16. Dans le même terme

$$\frac{d^2 S'}{d\zeta^2}\zeta_2,$$

nous faisons enfin

$$\zeta_2 = \tfrac{15}{8} n \int (u_1^2) dt,$$

nous avons

$$\tfrac{15}{8} n^3 (u,\ c)^2 \frac{d^2 S'}{d\zeta^2}\int\left(\int \frac{dS'}{d\zeta} dt \int \frac{dS'}{d\zeta} dt\right) dt,$$

où nous trouvons encore que les parties non périodiques s'entre-détruisent.

Il ne nous reste plus, pour épuiser les termes en $(u,\ c)$ de la formule (C), qu'à y remplacer u_2, c_2, etc., par les parties de leurs valeurs qui dépendent des différentielles partielles de $(u,\ c)$, $(e,\ c)$, etc., relatives aux éléments. Réservant ces termes, nous passons à la quatrième et à la cinquième ligne de la formule citée.

17. Soit pris, entre parenthèses, dans la quatrième ligne, le terme

$$\frac{dS'}{d\zeta} u_2 ;$$

nous y substituons la valeur de u_2, déterminée en posant

$$\frac{du_2}{dt} = n(u, c) \left(\frac{d^2 S}{dc\, du} u_1 + \frac{d^2 S}{dc^2} c_1 + \text{etc.} \right) ;$$

nous y ajoutons les termes

$$\frac{d^2 S'}{d\zeta du} u_1^2 + \frac{d^2 S'}{d\zeta dc} u_1 c_1 + \text{etc.},$$

de la quatrième ligne; nous obtenons une suite de termes de la forme

$$n^2(u, c)(p, q) \left(\begin{array}{l} \quad \frac{dS'}{d\zeta} \int \frac{d^2 S'}{d\zeta dp} \int \frac{dS'}{dq} dt^2 - \frac{dS'}{d\zeta} \int \frac{d^2 S'}{d\zeta dq} \int \frac{dS'}{dp} dt^2 \\ + \frac{d^2 S'}{d\zeta dp} \int \frac{dS'}{dq} dt \int \frac{dS'}{d\zeta} dt - \frac{d^2 S'}{d\zeta dq} \int \frac{dS'}{dp} dt \int \frac{dS'}{d\zeta} dt \end{array} \right),$$

et dans lesquels les parties non périodiques se réduisent à zéro.

Dans le terme

$$\frac{dS'}{d\zeta} u_2,$$

nous faisons ensuite

$$\frac{du_2}{dt} = n(u, c) \frac{d^2 S'}{d\zeta^2} \zeta_1 ;$$

nous y ajoutons le terme

$$\frac{d^2 S'}{d\zeta^2} u_1 \zeta_1 ;$$

nous avons

$$- \tfrac{3}{2} n^3(u, c)^2 \left(\frac{d^2 S'}{d\zeta^2} \int \frac{dS'}{d\zeta} dt \int\!\!\int \frac{dS'}{d\zeta} dt^2 + \frac{dS'}{d\zeta} \int \frac{d^2 S'}{d\zeta^2} \int\!\!\int \frac{dS'}{d\zeta} dt^3 \right) ;$$

nous trouvons encore que la partie non périodique y est nulle.

Enfin, dans le terme

$$\frac{dS'}{d\zeta}u_2,$$

nous posons

$$\frac{du_2}{dt}=n\frac{d(u,c)}{du}\frac{dS'}{d\zeta}u_1,$$

nous avons

$$n^2(u,c)\frac{d(u,c)}{du}\frac{dS'}{d\zeta}\int\frac{dS'}{d\zeta}\int\frac{dS'}{d\zeta}dt^2,$$

expression entièrement périodique.

18. Le dernier terme de la formule (C) est

$$\eta^6 n\frac{d^2(u,c)}{2du^2}\frac{dS'}{d\zeta}u_1^2,$$

qui peut s'écrire

$$\eta^6 n^3(u,c)^2\frac{d^2(u,c)}{2du^2}\frac{dS'}{d\zeta}\int\frac{dS'}{d\zeta}dt\int\frac{dS'}{d\zeta}dt,$$

et, comme les autres, est entièrement périodique.

19. Ainsi que nous l'avons dit au n° **16**, les termes dont il nous reste à nous occuper s'obtiennent en substituant dans la première ligne de la formule (C) les valeurs de u_2, c_2, etc., déterminées en posant

$$\frac{du_2}{dt}=n\frac{d(u,c)}{du}\frac{dS}{dc}u_1,$$

$$\frac{dc_2}{dt}=-n\frac{d(u,c)}{du}\frac{dS}{du}u_1+n\frac{d(c,c)}{du}\frac{dS}{de}u_1-n\frac{d(e,c)}{de}\frac{dS}{dc}e_1,$$

$$\frac{de_2}{dt}=n\frac{d(e,c)}{du}\frac{dS}{dc}u_1+n\frac{d(e,c)}{de}\frac{dS}{dc}c_1+n\frac{d(e,\omega)}{du}\frac{dS}{d\omega}u_1+\text{etc.},$$

etc., etc.

Or, si nous groupons ces termes convenablement, et si nous remarquons que les coefficients (u,c), (e,c), etc., ne sont fonctions que des éléments u, e, γ, lesquels n'entrent pas sous les signes périodiques, nous obtenons des termes de la forme

$$(d)\qquad \eta^6 n^3(u,c)(m,n)\frac{d(p,q)}{dm}\left(\frac{d^2S'}{d\zeta\,dp}\int\frac{dS}{dq}\int\frac{dS'}{dn}dt^2-\frac{d^2S'}{d\zeta\,dq}\int\frac{dS}{dp}\int\frac{dS'}{dn}dt^2\right).$$

Substituons-y d'abord la partie périodique S' de S, et faisons, comme précédemment,

$$S' = A\cos(\nu t + N) + A_1\cos(\nu_1 t + N_1) + A_2\cos(\nu_2 t + N_2);$$

nous obtenons une partie non périodique composée de termes tels que

$$-\frac{1}{4}\eta^6 n^3 (u, c)(m, n)\frac{d(p, q)}{dm}\frac{(r_1 s_2 - r_2 s_1)(i_1\nu_2 - i_2\nu_1)}{\nu\nu_1\nu_2}\frac{dA}{dp}A_1 A_2 \sin(N + N_1 + N_2).$$

On voit que ce terme ne se réduit pas à zéro, excepté dans le cas particulier où la lettre r est la même que la lettre s, c'est-à-dire lorsque les éléments n et q sont les mêmes. Mais on a

$$i_1\nu_2 - i_2\nu_1 = (i_1 i'_2 - i'_1 i_2)n' = (i_1 i'_2 - i'_1 i_2)\eta n.$$

Ce terme non périodique peut donc encore s'écrire

$$-\frac{1}{4}\eta^6 n\frac{n^3}{\nu\nu_1\nu_2}(u, c)(m, n)\frac{d(p, q)}{dm}(r_1 s_2 - r_2 s_1)(i_1 i'_2 - i'_1 i_2)\frac{dA}{dp}A_1 A_2 \sin(N + N_1 + N_2);$$

c'est-à-dire qu'il est d'un ordre supérieur à ceux dont on s'occupe, puisqu'il donnerait par l'intégration une fonction de $\eta^2 nt$ multipliée par η^5 (voir n° **8**).

C'est ici le lieu de rappeler la remarque faite au n° **7**, à savoir, que nous ne nous préoccuperons pas de la grandeur du facteur $\frac{n^3}{\nu\nu_1\nu_2}$, et le regarderons comme sans influence sur l'approximation.

On arriverait aux mêmes conséquences en remplaçant S' par la valeur $A\cos(\nu t + N) + A_1\cos(\nu_1 t + N_1)$, dans laquelle, comme on sait, on suppose $\nu + 2\nu_1 = 0$.

20. Si nous remplaçons maintenant dans le terme général (d), S par sa partie non périodique, nous pouvons écrire ce terme comme il suit :

$$\eta^6 n^3 (u, c)(m, n)\frac{d(p, q)}{dm}\left(\frac{dS}{dq}\frac{d^2 S'}{d\zeta\, dp}\int\int\frac{dS'}{dn}dt^2 - \frac{dS}{dp}\frac{d^2 S'}{d\zeta\, dq}\int\int\frac{dS'}{dn}dt^2\right).$$

Or, ce terme n'est pas, comme tous ceux qui précèdent, entièrement périodique. En effet, si nous y substituons

$$S' = V \cos vt + W \sin vt,$$

si nous cherchons la partie non périodique, et si nous intégrons, nous avons l'expression

$$\eta^4 \frac{n^2 i}{2v^2}(u, c) \int (m, n) \frac{d(p, q)}{dm} \left[\begin{array}{l} \frac{dS}{dq}\left(\frac{dW}{dn}\frac{dV}{dp} - \frac{dW}{dp}\frac{dV}{dn}\right) \\ + \frac{dS}{dp}\left(\frac{dW}{dq}\frac{dV}{dn} - \frac{dW}{dn}\frac{dV}{dq}\right) \end{array} \right] d.\eta^2 nt.$$

21. Revenons à la formule (B) du n° **8**, et cherchons-y les termes non périodiques, fonctions de $\eta^2 nt$, multipliés par η^6, que fournit la première ligne.

Pour cela nous remplaçons, avant tout calcul, les éléments p, q, etc., renfermés dans les seconds membres des équations différentielles, par $\pi_0 + \pi_1 \eta^2$, $\chi_0 + \chi_1 \eta^2$, etc., ce qui nous donne de nouvelles valeurs de u_1, p_1, q_1, etc., qui, dans l'ordre d'approximation, peuvent s'écrire

$$(u_1) = u_1 + \eta^2 \left(\pi_1 \int \frac{dU}{dp} dt + \chi_1 \int \frac{dU}{dq} dt + \text{etc.}\right),$$

$$(p_1) = p_1 + \eta^2 \left(\pi_1 \int \frac{dP}{dp} dt + \chi_1 \int \frac{dP}{dq} dt + \text{etc.}\right),$$

$$(q_1) = q_1 + \eta^2 \left(\pi_1 \int \frac{dQ}{dp} dt + \chi_1 \int \frac{dQ}{dq} dt + \text{etc.}\right),$$

etc., etc.;

faisant de même pour les différentielles partielles $\frac{dU}{du}$, $\frac{dU}{dp}$, $\frac{dU}{dq}$, etc., qui entrent en multiplicateurs de u_1, p_1, q_1, etc., dans la première ligne de la formule (B), on a, en ne considérant que cette première ligne,

$$\begin{aligned} \frac{du}{dt} = \eta^4 & \left(\frac{dU}{du} u_1 + \frac{dU}{dp} p_1 + \frac{dU}{dq} q_1 + \text{etc.}\right) \\ & + \eta^6 \pi_1 \left(\frac{d^2U}{du\,dp} u_1 + \frac{d^2U}{dp^2} p_1 + \frac{d^2U}{dq\,dp} q_1 + \ldots + \frac{dU}{du}\int \frac{dU}{dp} dt + \frac{dU}{dp}\int \frac{dP'}{dp} dt + \frac{dU}{dq}\int \frac{dQ'}{dp} dt + \ldots\right) \\ & + \eta^6 \chi_1 \left(\frac{d^2U}{du\,dq} u_1 + \frac{d^2U}{dp\,dq} p_1 + \frac{d^2U}{dq^2} q_1 + \ldots + \frac{dU}{du}\int \frac{dU}{dq} dt + \frac{dU}{dp}\int \frac{dP'}{dq} dt + \frac{dU}{dq}\int \frac{dQ'}{dq} dt + \ldots\right) \\ & + \quad \text{etc.} \end{aligned}$$

On peut supposer maintenant, dans le second membre, les éléments p, q, etc., remplacés par π_0, χ_0, etc., et, de plus, dans la seconde ligne et les suivantes, les intégrations effectuées en regardant ces éléments comme constants.

Or, nous allons faire voir que, dans cette nouvelle formule, la seconde ligne et les suivantes ne renferment aucune partie non périodique.

22. Pour développer la parenthèse de la seconde ligne, il suffit de remonter aux équations (A) du n° 6, et à l'équation

$$\frac{d\zeta}{dt} = nu^{-\frac{3}{2}}.$$

On trouve alors, d'abord le terme

$$n^2(u, c)\,\frac{d(u, c)}{dp}\left(\frac{d^2S'}{d\zeta\,dp}\int\frac{dS'}{d\zeta}dt + \frac{dS'}{d\zeta}\int\frac{d^2S'}{d\zeta\,dp}dt\right);$$

puis le terme

$$-\frac{3}{2}n^3(u, c)^2\left(\frac{d^3S'}{d\zeta^2\,dp}\iint\frac{dS'}{d\zeta}dt^2 + \frac{d^2S'}{d\zeta^2}\iint\frac{d^2S'}{d\zeta\,dp}dt^2\right),$$

enfin, d'autres termes qui peuvent se grouper en termes de la forme

$$n^2(u, c)(m, n)\left(\begin{array}{l} \dfrac{d^3S'}{d\zeta\,dp\,dm}\displaystyle\int\frac{dS'}{dn}dt - \frac{d^3S'}{d\zeta\,dp\,dn}\int\frac{dS'}{dm}dt \\ + \dfrac{d^2S'}{d\zeta\,dm}\displaystyle\int\frac{d^2S'}{dp\,dn}dt - \frac{d^2S'}{d\zeta\,dn}\int\frac{d^2S'}{dp\,dm}dt \end{array}\right).$$

Or, si dans chacun des trois termes précédents nous faisons

$$S' = V\cos\nu t + W\sin\nu t,$$

et si nous cherchons la partie non périodique, nous trouvons qu'elle se réduit à zéro.

Il en est évidemment de même pour la troisième ligne et pour les suivantes, dans la dernière valeur de $\frac{du}{dt}$.

23. Pour obtenir les autres parties non périodiques de $\frac{du}{dt}$ dues à la troisième approximation, il ne nous reste donc plus qu'à considérer la formule

$$\frac{du}{dt} = \eta^4 \left(\frac{dU}{du} u_1 + \frac{dU}{dp} p_1 + \frac{dU}{dq} q_1 + \text{etc.} \right);$$

y supposer les éléments p, q, etc., remplacés par π_0, χ_0, etc.; effectuer les intégrations par parties qui donnent les valeurs de u_1, p_1, q_1, etc.; retenir seulement les deux premiers termes de chaque série fournie par l'intégration; substituer dans la formule ces valeurs approchées de u_1, p_1, q_1, etc.; chercher dans le second membre ainsi préparé la partie non périodique, laquelle se trouve nécessairement multipliée par η^6, puisque la seconde approximation non périodique de $\frac{du}{dt}$ ne donne rien; intégrer enfin cette partie non périodique, ce qui donne une fonction de $\eta^2 nt$ multipliée par η^4.

24. Cette formule peut s'écrire

$$(\mathrm{G}) \left\{ \begin{aligned} \frac{du}{dt} &= \eta^4 n^2 (u, c) \frac{d(u, c)}{du} \frac{dS'}{d\zeta} \int \frac{dS'}{d\zeta} dt - \frac{3}{2} \eta^4 n^3 (u, c)^2 \frac{d^2 S'}{d\zeta^2} \int\int \frac{dS'}{d\zeta} dt^2 \\ &+ \eta^4 n^2 (u, c)\, \Sigma \left[\frac{d^2 S'}{d\zeta\, dp} \int (p, q) \frac{dS'}{dq} dt - \frac{d^2 S'}{d\zeta\, dq} \int (p, q) \frac{dS'}{dp} dt \right], \end{aligned} \right.$$

le signe Σ s'étendant à tous les termes qui s'obtiennent en remplaçant (p, q) par (u, c), (e, c), etc.

Substituons dans cette formule

$$S' = V \cos \nu t + W \sin \nu t,$$

intégrons par parties, et cherchons la partie non périodique correspondante.

D'abord nous remarquerons que si U représente en général une fonction de $\eta^2 nt$, on a, en intégrant par parties,

$$\int U \cos \nu t . dt = \frac{U}{\nu} \sin \nu t + \eta^2 \frac{U' n}{\nu^2} \cos \nu t - \eta^4 \frac{U'' n^2}{\nu^3} \sin \nu t - \text{etc.},$$

$$\int U \sin \nu t . dt = -\frac{U}{\nu} \cos \nu t + \eta^2 \frac{U' n}{\nu^2} \sin \nu t + \eta^4 \frac{U'' n^2}{\nu^3} \cos \nu t - \text{etc.};$$

les lettres accentuées désignant les différentielles successives de U par rapport à $\eta^2 nt$.

Ces formules générales nous permettront de développer

$$\int (p, q) \frac{dS'}{dq} dt, \quad \int (p, q) \frac{dS'}{dp} dt.$$

Si nous substituons les premiers termes des développements dans la dernière partie de la formule précédente, et si nous cherchons la partie non périodique, nous savons qu'elle se réduit à zéro. Substituons donc maintenant les seconds termes :

$$\int (p, q) \frac{dS'}{dq} dt \quad \text{donne} \quad \frac{\eta^2 n}{\nu^2} \left\{ \left[(p, q) \frac{dV}{dq} \right]' \cos \nu t + \left[(p, q) \frac{dW}{dq} \right]' \sin \nu t \right\};$$

$$\frac{d^2 S'}{d\zeta\, dp} \quad \text{est égal à} \quad i \left(-\frac{dV}{dp} \sin \nu t + \frac{dW}{dp} \cos \nu t \right);$$

la partie non périodique correspondante de

$$\frac{d^2 S'}{d\zeta\, dp} \int (p, q) \frac{dS'}{dq} dt \quad \text{est donc} \quad \frac{\eta^2 n i}{2\nu^2} \left\{ \frac{dW}{dp} \left[(p, q) \frac{dV}{dq} \right]' - \frac{dV}{dp} \left[(p, q) \frac{dW}{dq} \right]' \right\};$$

de même la partie non périodique de

$$-\frac{d^2 S'}{d\zeta\, dq} \int (p, q) \frac{dS'}{dp} dt \quad \text{est} \quad \frac{\eta^2 n i}{2\nu^2} \left\{ -\frac{dW}{dq} \left[(p, q) \frac{dV}{dp} \right]' + \frac{dV}{dq} \left[(p, q) \frac{dW}{dp} \right]' \right\}.$$

Ajoutant, on a la partie non périodique

$$\frac{\eta^2 n i}{2\nu^2} \frac{1}{d.\eta^2 nt} d.(p, q) \left(\frac{dW}{dp} \frac{dV}{dq} - \frac{dW}{dq} \frac{dV}{dp} \right) + \frac{\eta^2 n i}{2\nu^2} \cdot \frac{d.(p, q)}{d.\eta^2 nt} \cdot \left(\frac{dW}{dp} \frac{dV}{dq} - \frac{dW}{dq} \frac{dV}{dp} \right),$$

qu'il faudra intégrer et multiplier par le facteur $\eta^4 n^2 (u, c)$.

Développant ensuite $\int \frac{dS'}{d\zeta} dt$, $\int\int \frac{dS'}{d\zeta} dt^2$, et substituant dans le terme (G), on trouve pour $\frac{du}{dt}$ les parties non périodiques

$$\eta^6 (u, c) \frac{d(u, c)}{du} \frac{n^3 i^2}{4\nu^2} \frac{1}{d.\eta^2 nt} d.(V^2 + W^2) + \eta^6 (u, c)^2 \frac{3 n^4 i^3}{4 \nu^3} \frac{1}{d.\eta^2 nt} d.(V^2 + W^2),$$

immédiatement intégrables.

25. Si donc on réunit ces différents termes à ceux qu'on a trouvés au n° **20**, et si l'on développe en même temps $\frac{d(p, q)}{d.\eta^2 nt}$, on trouve que la troisième approximation donne, pour $S' = V \cos \nu t + W \sin \nu t$, une expression non périodique correspondante, de la forme

$$(\mathrm{H}) \left\{ n^4 (u, c) \left\{ \begin{array}{l} \dfrac{d(u,c)}{du} \dfrac{n^2 i^2}{4\nu^2} (V^2 + W^2) + (u, c) \dfrac{3n^3 i^3}{4\nu^3} (V^2 + W^2) \\ + \dfrac{n^2 i}{2\nu^2} \Sigma (p, q) \left(\dfrac{dW}{dp} \dfrac{dV}{dq} - \dfrac{dW}{dq} \dfrac{dV}{dp} \right) \\ + \dfrac{n^2 i}{2\nu^2} \Sigma \displaystyle\int (m, n) \dfrac{d(p,q)}{dm} \left\{ \begin{array}{l} \dfrac{dS}{dq} \left(\dfrac{dW}{dn} \dfrac{dV}{dp} - \dfrac{dW}{dp} \dfrac{dV}{dn} \right) \\ + \dfrac{dS}{dp} \left(\dfrac{dW}{dq} \dfrac{dV}{dn} - \dfrac{dW}{dn} \dfrac{dV}{dq} \right) \\ + \dfrac{dS}{dn} \left(\dfrac{dW}{dp} \dfrac{dV}{dq} - \dfrac{dW}{dq} \dfrac{dV}{dp} \right) \end{array} \right\} d . n^2 nt \end{array} \right\} \right\},$$

en ne prenant dans $\frac{dS}{dq}$, $\frac{dS}{dp}$, $\frac{dS}{dn}$ que la partie non périodique de S.

26. Ne considérant que les deux premières lignes de cette formule, nous allons, comme vérification, nous en servir pour calculer les termes en e'^2 que renferme u; nous obtiendrons de la sorte les mêmes termes qui ont été trouvés par M. Poisson, dans son Mémoire sur le mouvement de la Lune.

Si nous supposons qu'on ait développé la fonction perturbatrice S′ suivant les cosinus d'arcs fonctions des moyens mouvements ζ et ζ', et si nous réunissons les termes de même argument, nous aurons

$$S' = M \cos(\nu t + N) + M_1 \cos(\nu t + N_1) + \text{etc.};$$

il faudra donc, dans la formule (H), faire

$$V = M \cos N + M_1 \cos N_1 + \text{etc.}, \quad W = - M \sin N - M_1 \sin N_1 - \text{etc.}$$

Mais, pour simplifier les calculs, nous supposerons seulement qu'on ait développé S′ suivant les cosinus d'arcs fonctions du moyen mouvement ζ; nous réunirons les termes qui renferment sous l'arc le même multiple *int* de ce moyen mouvement, et nous poserons

$$S' = A \cos(int + B) + A_1 \cos(int + B_1) + \text{etc.};$$

puis, dans la formule (H), nous remplacerons ν par in, nous ferons

$$V = A \cos B + A_1 \cos B_1 + \text{etc.}, \quad W = - A \sin B - A_1 \sin B_1 - \text{etc.},$$

et cette formule nous permettra de calculer les termes de u, indépendants du moyen mouvement ζ, parmi lesquels nous choisirons ensuite les termes indépendants du moyen mouvement ζ'.

Lorsqu'on fait les substitutions indiquées, dans les deux premières lignes de la formule (H), en remarquant d'ailleurs que la valeur constante de u est égale à l'unité, on obtient

$$n'\left[\frac{7}{2}(V^2+W^2)-\frac{1}{i}\Sigma\,(p,q)\left(\frac{dW}{dp}\frac{dV}{dq}-\frac{dW}{dq}\frac{dV}{dp}\right)\right],$$

ou

$$(K)\quad n'\left\{\begin{array}{l}\frac{7}{2}[A^2+A_1^2+\ldots+2AA_1\cos(B-B_1)+\ldots]\\ -\frac{1}{i}\Sigma(p,q)\left[sA\frac{dA}{dp}+s_1A_1\frac{dA_1}{dp}+\ldots+\left(sA\frac{dA_1}{dp}+s_1A_1\frac{dA}{dp}\right)\cos(B-B_1)+\ldots\right]\end{array}\right\}.$$

C'est de cette dernière formule que nous allons nous servir pour calculer les termes en e'^2.

27. Dans l'ordre d'approximation, il nous suffit de déterminer la fonction perturbatrice du n° 5 en posant

$$S=\frac{1}{2}u'\left(\frac{a'}{r'}\right)^3\left(\frac{r}{a}\right)^2(1-3s^2),$$

où nous faisons, comme dans le Mémoire de M. Poisson,

$$\frac{r}{a}=1-e\cos(nt+c),\quad s=\cos(\theta+\alpha-\theta'-\alpha'),$$

et

$$\theta=nt+c+\omega+2e\sin(nt+c),$$

ce qui donne

$$S'=\frac{1}{2}u^2\left(\frac{a'}{r'}\right)^3\left[\begin{array}{l}-\frac{3}{2}\cos 2(nt+c+\omega+\alpha-\theta'-\alpha')-\frac{3}{2}e\cos(3nt+3c+2\omega+2\alpha-2\theta'-2\alpha')\\ +\frac{9}{2}e\cos(nt+c+2\omega+2\alpha-2\theta'-2\alpha')+e\cos(nt+c)\end{array}\right].$$

On voit, d'après cette valeur de S', qu'il est inutile de considérer dans la formule (K) les termes qui dépendent des cosinus; car ces termes, renfermant sous l'arc les éléments ω et α (dans lesquels la partie proportionnelle au temps est de l'ordre de η^2), sont eux-mêmes périodiques.

Si donc on fait abstraction de ces termes, la formule (K) devient

$$\eta^4 \left[\frac{7}{2} A^2 - \frac{1}{i} \Sigma (p, q) s A \frac{dA}{dp} \right].$$

On y remplace successivement A par les coefficients des différents cosinus de la valeur de S', on ajoute les différents résultats obtenus, on a

$$-\frac{13}{32} \left(\frac{a'}{r'}\right)^6 \eta^4;$$

et comme

$$\left(\frac{a'}{r'}\right)^6 = \left[\frac{1 + e' \cos(v' - \omega')}{1 + e'^2}\right]^6,$$

ou

$$1 + \frac{15}{2} e'^2,$$

en rejetant les termes dépendants de ζ' et les puissances de e' supérieures à la seconde, il en résulte

$$-\frac{13}{32} \left(\frac{a'}{r'}\right)^6 \eta^4 = -\frac{13}{32} \left(1 + \frac{15}{2} e'^2\right) \eta^4,$$

ou

$$-\frac{195}{64} \eta^4 e'^2,$$

en rejetant la partie constante.

Ce résultat diffère de celui de M. Poisson, qui trouve

$$\delta_{,} a = \frac{1425 \, m'^4 a}{64} (e'^2 - e_{,}^2);$$

mais il est facile de voir qu'en calculant la fonction perturbatrice R, il omet des termes en e qui sont ici, dans la fonction S',

$$\frac{1}{2} u^2 \left(\frac{a'}{r'}\right)^3 \left[\begin{array}{l} \frac{3}{2} e \cos(3nt + 3c + 2\omega + 2\alpha - 2\theta' - 2\alpha') \\ + \frac{3}{2} e \cos(nt + c + 2\omega + 2\alpha - 2\theta' - 2\alpha') \end{array} \right].$$

Si, comme lui, nous omettions ces termes, nous trouverions $\frac{1425}{64}\eta^4 e'^2$ pour la partie variable et non périodique de u qui dépend de e'^2.

On sait que cette partie non périodique, ici sans importance, en acquiert une très-grande lorsqu'on tient compte de l'influence des autres planètes du système solaire.

28. Nous avons donc établi dans ce travail que, parmi les variations du grand axe lunaire qui sont indépendantes des moyens mouvements, les termes de l'ordre le moins élevé peuvent se calculer tous au moyen d'une formule assez simple (n° **25**), pourvu que l'on sache développer la fonction perturbatrice et effectuer les intégrations indiquées.

Vu et approuvé,

Le 29 Septembre 1843.

Pour le Doyen de la Faculté des Sciences,

Le Doyen par intérim, Professeur à la Faculté,

FRANCOEUR.

Permis d'imprimer,

L'Inspecteur général des Études,

chargé de l'administration de l'Académie de Paris,

ROUSSELLES.

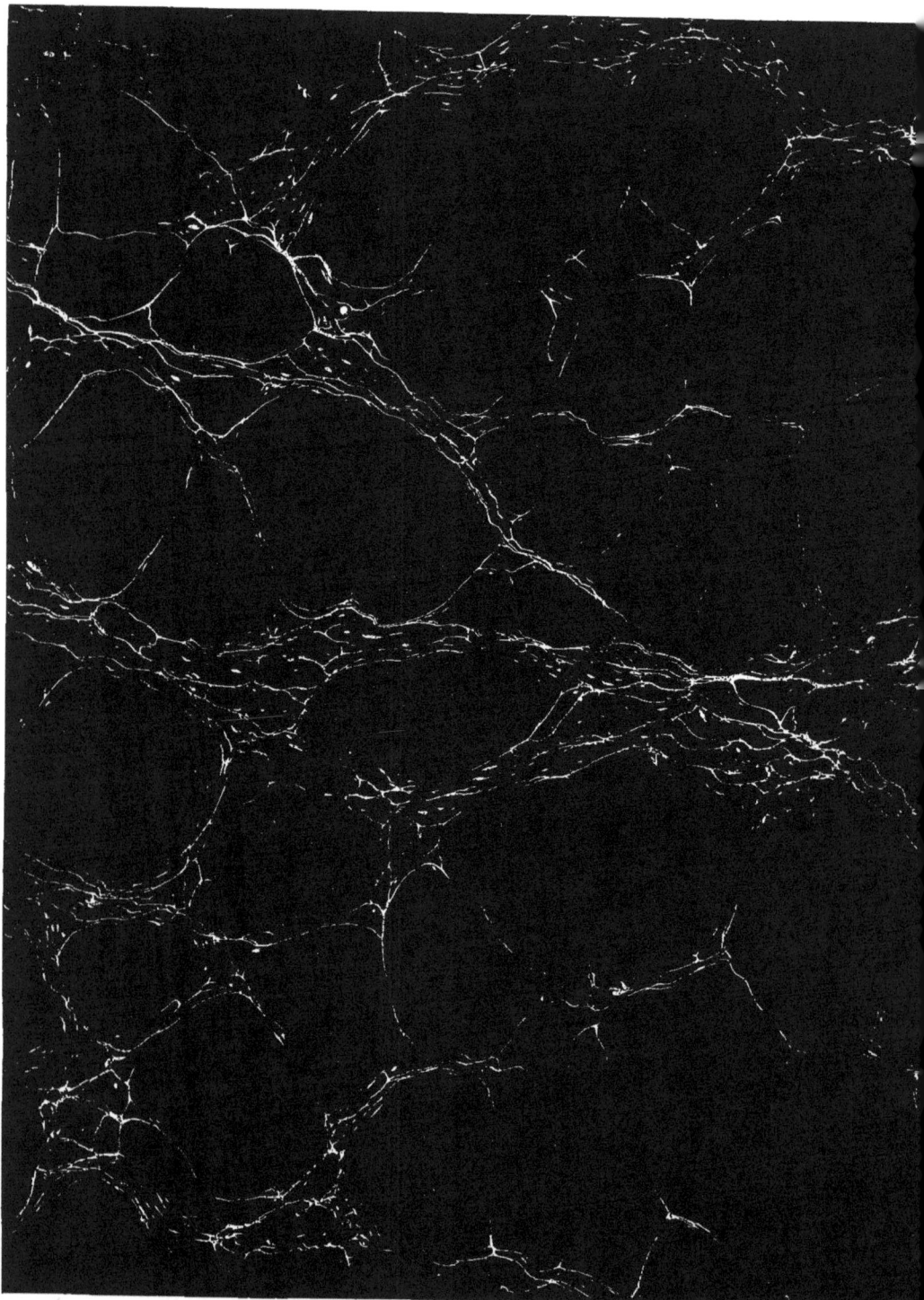

www.ingramcontent.com/pod-product-compliance
Lightning Source LLC
Chambersburg PA
CBHW071325200326
41520CB00013B/2862
9782019600303